facebook

世界最大のSNSでビル・ゲイツに迫る男

青志社

まえがき

二〇一〇年三月、インターネット上で象徴的な出来事が起きた。

アメリカのインターネット調査会社ヒットワイズによると、三月第二週のアメリカ国内でのウェブサイト訪問者数で、世界最大のSNS（ソーシャル・ネットワーキング・サービス）の「フェイスブック（Facebook）」が、ネット検索最大手のグーグル（Google）を抜き去り、初めて首位に立ったのだ。

ヤフー（Yahoo!）をはじめとする「ポータルサイト」時代、グーグルが世界を席巻した「検索サイト」時代の次に来るのは、日本でもブレイクした一四〇字の〝つぶやき〟投稿サイト「ツイッター（Twitter）」やフェイスブックなどが牽引する「SNS」の時代だとも言われている。

フェイスブックへの訪問者数は爆発的に増えており、全世界のアクティブユーザー数は四億人に達した。二〇〇九年四月の段階で二億人、九月には三億人を突破したばかりであり、たった五ヶ月で一億人が新たにフェイスブックに「移住」

したことになる。この急成長から「中国、インド、フェイスブック」とまで言われるようになった。フェイスブックは一大帝国を築きつつある。

また、二〇一〇年三月のフォーブス長者番付の二一二位に、フェイスブック創業者マーク・ザッカーバーグが最年少長者として登場している。マーク・ザッカーバーグはハーバード大学在学中の二〇〇四年にフェイスブックを立ち上げ、あっという間に億万長者となった。所有資産では同じハーバード大学出身でマイクロソフトを率いてきたビル・ゲイツにはまだ遠く及ばないが、ザッカーバーグの飛ぶ鳥を落とす勢いは、かつてのビル・ゲイツを彷彿とさせる。

本書は、フェイスブックの創業、発展に関わった関係者達に数十回に及ぶインタビューを行い、数百人の情報提供者の証言、数千頁の文書（いくつかの裁判記録も含む）を基に、ドラマのような物語仕立ての形で著したものである。また、本書を原作として、デヴィッド・フィンチャー監督による映画化が進行している。

起こった事件のいくつかについては、数多くの異なる証言があり、時には相容れない証言もあった。数十人の証言者の記憶（実際に目撃した人もいれば、間接的に知った人もいる）から場面を作り上げようとすると、食い違いが生じることがどうしてもある。本書の場面の再現にあたっては、文書やインタビューから明らかになった情報と、事実関係の確かな記録にもっとも合うだろうという客観的な判断にしたがった。中には、個人の思考を描写していながら、当人の了承を得ずに書いた場面もある。

本書では、できるかぎり正確に、出来事の起こった順番に沿って語るようにした。場合によっては、設定や描写の細部について、変更を加えている。また個人の特定が可能となるような情報については、プライバシーを守るために修正を施した。本書の内容を語る場合に欠かせない数人の人物を除いて、名前や個人情報の記載は変更してある。

この物語では、実際の会話を想像して書き表す方法が用いられている。会話の再現にあたっては、会話の場にいた人物が思い出した内容を基に構成した。本書の会話の中には、長期間にわたって行われたものや、複数の場所で行われたものもあるため、会話や場面を要約したような形で再現した部分もある。このような会話に関しては多くの言葉を費やさず、実際にあり得ただろうという程度の記述にとどめた。

本書に協力してくれたエドゥアルド・サヴェリンの知人ウィル・マクマレンには、この場でも特別に感謝の意を表したい。マクマレンが、エドゥアルド・サヴェリンを紹介してくれなかったら、本書は書き上げられなかっただろう。なお、本書の執筆に際して、マーク・ザッカーバーグに何度も取材を申し込んだが、彼が有する正当な権利に基づいてすべて断られたことを言い添えておく。

目次

THE ACCIDENTAL BILLIONAIRE
by Ben Mezrich

This translation published by arrangement with Doubleday,
an imprint of The Knopf Doubleday Group, a Division of Random House, Inc.
through The English Agency (Japan) Ltd.

カバー写真 ： AFRO

〔 〕は訳注

ブックデザイン ： lil.inc

この本の主な登場人物

マーク・ザッカーバーグ
SNS「フェイスブック」創業者、CEO。ハーバード大学在学中に「フェイスブック」を開発する。

エドゥアルド・サヴェリン
マークの親友で、「フェイスブック」創業時に資金を提供した。

タイラー／キャメロン・ウィンクルボス
双子の超エリート兄弟。女の子との出会いを提供するウェブサイトを考案。

ショーン・パーカー
音楽配信会社「ナップスター」、データ管理サービス会社「プラソ」共同創業者。「フェイスブック」初代社長。

ピーター・シエル
インターネット決済会社「ペイパル」共同創業者。「フェイスブック」に出資を行う。

第一章　「ファイナルクラブ」で出会った男

二〇〇三年一〇月のある夜。それはおそらく、三杯目のカクテルを飲んだ時のことだった。エドゥアルドには確かなことはわからない。何しろその三杯を急ピッチで立て続けに飲んだからだ。あまりに勢いよく飲み過ぎたので、自分に変化が起きたのが、正確に何杯目を飲んでいる時のことだったのか、わからなくなってしまったのだ。

とにかく変化が起きたことは確かだ。あまり血色の良くない頬は少し火照って、いい具合に赤みが差していた。リラックスして、ややふらついた状態で、彼は窓にもたれていた。いつもの背筋を伸ばした堅苦しい姿勢とは違い、やや猫背になっていた。

何よりも大きな変化は、彼の顔に穏やかな微笑みが浮かんでいたことだ。その夜、寮の部屋を出る二時間ほど前から鏡の前で練習したのに、どうしてもうまくできなかった微笑みだ。間違いなく、アルコールの力によってエドゥアルドの恐怖心は薄れていた。少なくとも、「早くここを出たい」という強い衝動に圧倒されそう、なんてことはもうなかった。

確かに、彼の目前に広がる空間には威圧感があった。アーチ状になった、大聖堂を思わせるような天井からは、巨大なシャンデリアが下がり、赤く分厚いベルベットのカーペットは、豪奢《ごうしゃ》なマホガニーの壁からまるで血がしたたっているようにも見えた。二股に分かれ、曲がりくねった階段は、かの名高い上階へと続いている。そこは極秘扱いで、関係者以外決して立ち入れない場所だ。エドゥアルドの頭の後ろにある窓ガラスまでもが、屋外で燃えさかるかがり火に照らされて、どこか不安を感じさせた。揺らめくかがり火は、狭い中庭を覆い尽くすように広がり、古く、歪んだ窓ガラスを舐めている舌のようでもあった。

そこは恐ろしい場所だった。特にエドゥアルドのような若者には。彼は貧しい生い立ちというわけではない。ハーバード大学に入学する前、子供時代の大半はブラジルとマイアミのアッパーミドルクラスのコミュニティを行ったり来たりするという生活だった。それでも、その広間に象徴されるような「旧世界」の富裕層から見れば、彼は完全なよそ者だった。いくら酒の力を借りていたとはいえ、腹の底の奥深いところで、不安感が渦を巻いているのが自分にもわかった。まるで新入生に逆戻りしたような気分でもあった。ハーバードヤード〔創立当時からある大学構内の庭〕に初めて足を踏み入れた時の、自分が何をしているのかもわからないという気持ち。そして、こんなところに自分の居場所はあるんだろうかという気持ち。

彼は窓枠にもたれたまま少し体を動かし、大きな洞窟のような部屋に集まった若い男たちの群れを見渡した。特に、その日のイベントのために特別に造られたバーに群がる大勢の男たちが目についた。バー自体はいかにも急ごしらえの粗末なものだった。木製のテーブルは、ただ分厚い板をちょっと加工した程度のもので、その場の重厚な雰囲気にまったく不似合いだった。それでも、誰も気にする者はいなかった。何しろ、その部屋にはバーの店員たち以外に女の子がいなかったからだ。皆、ブロンドで、胸の大きな子ばかり。制服のトップスの襟ぐりは深い。集まってくる男たちをもてなすために、地元の女子大から集められた子たちだ。

男たちの群れは、エドゥアルドにとって色々な意味で、その建物よりさらに威圧的だった。正確な数はわからなかったが、エドゥアルドの見たところどうやら二〇〇人は集まっているようだった。全員が男。皆、同じような黒のブレザーに同じような黒のスラックス。大半が二年生のはずだ。人種は様々だったが、その表情にはどこか共通しているところがあった。エドゥアルドよりもはるかに自然な笑顔をつくり、その四百ほどある目のすべてに「自信」がみなぎっていた。自分の実力を自ら説明する必要などない者の表情。彼らは生まれつきその世界に属していたから、説明は不要なのだ。彼らの大半はこのパーティー、この場所を「ちょっと堅苦しいもの」くらいにしか思っていなかった。

エドゥアルドは深呼吸したが、その空気はどことなく苦い味がして少し戸惑った。外のかがり火から出た灰が窓を通って入ってくるのだ。それでも彼は今いる「安全地帯」からなかなか動きだそうとはしなかった。まだ心の準備ができていなかったのだ。

彼はその場にとどまったまま、一番近くにいたブレザーの一団に目を止めた。全員がごく普通の体格をした四人の若者たちである。その中には彼と同じ「階級」に属する者は誰もいないようだった。二人はブロンドで、いかにも「良家のおぼっちゃま」風な、コネティカット発の列車から今降りてきた、という雰囲気だ。もう一人はアジア系で、少し年上に見えるが本当のところはわからない。そしてもう一人は、にこやかな笑顔から綺麗に撫でつけられた髪にいたるまで、外見のすべてが洗練されたアフリカ系アメリカ人だ。彼はどう見ても四年生だった。

エドゥアルドの背筋が少し伸びた。彼は黒人学生のネクタイに目を向けた。そのネクタイこそが、彼が求めていた「証明書」のようなものだった。それを見つけたからには、今こそ行動を起こす時だ。

エドゥアルドは姿勢を正し、窓から離れて歩き出した。ブロンドの二人にもアジア系にも会釈はしたが、彼の注意はずっと黒人の四年生――そして黒一色に独特の装飾を施したネクタイ――に向けられていた。

「エドゥアルド・サヴェリンです」彼は自己紹介すると、黒人学生と力強い握手を交わした。「お目にかかれて光栄です」

相手も自分の名前を名乗った。確か「ダロン何とか」と言ったと思うが、よく覚えてはいない。正直、名前などどうでもよかった。ネクタイが、彼の知りたいことすべてを物語っていたからだ。その夜の唯一の目的、それは黒一色のネクタイについていた小さな白い鳥のマークにあった。それは、彼が「フェニックス――SK」のメンバーであることを示していた。つまり、この夜のイベントを主催した人間の一人、ということだ。二〇人ほどいた主催者たちは、会場のあちこちに散らばり二〇〇人の二年生の中に紛れていた。

「サヴェリン、君は確かヘッジファンドをやっているんだよね」そう尋ねられて、エドゥアルドは少し顔を赤らめたが、フェニックスのメンバーが自分の名前を知っていたとわかって、内心とても喜んでいた。ヘッジファンドをやっている、というのは少々言い過ぎだった。彼はヘッジファンドを経営しているわけでもないし、二年生の夏に兄弟で投資して、少し儲けただけだった。しかし、その間違いを訂正するつもりはなかった。フェニックスのメンバーが自分のことを話題にすれば、そしてその話を聞いた誰かの印象に残れば、それだけ彼にとっては有利になる。

そう思うだけで気持ちが昂《たか》ぶってくる。上級生の関心をつなぎとめるため、でっち上げた話を始めると、心臓の鼓動はさらに少し速くなった。大学に入ってから受けたどの試験よりも、今、この時が彼の将来に大きく影響するに違いない。フェニックスへの入会を許可されるということが、何を意味するのか、エドゥアルドにはよくわかっていた。大学での残り二年間、そしてその後の将来における彼の社会的地位が大きく変わるのだ。これからどんな生き方を選ぼうと、影響は大きいだろう。

長年、マスコミに盛んに取りあげられてきたイェール大学の秘密結社「スカル&ボーンズ」と同じように、ハーバードの「ファイナルクラブ」もやはり、ハーバードのキャンパス内で秘密を守ることはほとんどできていなかった。いずれも男性だけで構成される八つのクラブは、ケンブリッジのあちこちに点在する築何百年にもなる邸宅を本拠とし、何世代にもわたって世界の指導者や金融界の巨人、パワーブローカー（陰の実力者）たちを多数輩出してきた。また同時に重要なのは、八つのクラブのいずれかの会員である、というだけで即、社会の中で一定以上の身分が保証されることだ。クラブにはそれぞれ個性がある。ルーズベルト一族やロックフェラーもメンバーだった最古のクラブ「ポーセリアン」のように恐ろしく排他的なところもあれば、二人の大統領と億万長者を何人か輩出した「フライクラブ」のように開放されたクラブもある。それぞれ個性はあるが、いずれのクラブも大きな影響力を持っていることに違いはない。「フェニックス」は、八つの中で最高級の名誉があるクラブというわけではないが、色々な意味で「社交界の頂点」だった。マウント・オーバーン・ストリート３２３にある荘厳な建物が、「フェニックス」の本拠である。選ばれし者たちは、毎週金曜と土曜の夜に、そこに向かうのだ。「フェニックス」のメンバーになれれば、一世紀にわたって形成されてきた人脈に加わることができるだけでなく、毎週末、ハーバードのキャンパスでも最高級とされるパーティーに出席できるようになる。そして、そのパーティーには、毎回、マサチューセッツ州ケンブリッジ近辺のすべての学校から選び抜かれた、最高にチャーミングな女の子たちが招かれるのだ。

「ヘッジファンドは本当に、趣味みたいなものなんですよ」エドゥアルドは、四人の学生たちの注目を浴びながら、控えめに、まるで秘密を打ち明けるような調子で話した。

「力を入れているのは、主に石油先物取引です。ですから、ご想像のとおり、いつも天気が気になって仕方ありません。ハリケーンの動きを正確に予測できたおかげで、他の投資家たちを出し抜いたこともありますね」

エドゥアルドは、この話がかなり「際どい」ものであることは自覚していた。石油市場の動きをうまく読んだことを話すのは良いが、できるだけ、ギーク《変人》に見られないようにしなくてはいけない。フェニックスのメンバーが聞きたいのは、エドゥアルドが石油取引で三〇万ドル儲けた話であって、マニアックな気象の話ではない。仮に取引を成功させた要因が天気予報であったとしても、だ。しかし同時に、もう少しだけ知識をひけらかしたかった。そもそもダロン某が「ヘッジファンド」のことを口にした理由を、エドゥアルドは薄々感じ取っていたからだ。もし新進のビジネスマンとして評判になっていなければ、今この部屋にいられるはずがない、と彼自身も思っていた。

悔しいが、他に「売り」になるものがほとんどないことを、彼はよくわかっていた。スポーツ選手というわけでもなければ、長い伝統を誇る名家の出というわけでもない。パーティーの花形になれるような容姿の持ち主というわけでもない。体に比べて腕が少し長すぎるし、身のこなしはぎこちない。本当にリラックスするのは酔った時だけだ。とにもかくにも、彼はその部屋にいた。しかし通常より一年遅れだった。多くの学生は、エドゥアルドのように三年生ではなく、二年生の秋にはすでにクラブのメンバー候補（パンチ）となるからだ。しかし、そんなことは彼にはどうでもよかった。

メンバー候補になったのは、まったく思いがけないことだった。パーティーの二日前の夜、寮の部屋で机に向かい、アマゾンの熱帯雨林に住む部族について二〇ページの論文を書いていた時、突然、彼の部屋のドアの下に招待状が舞い込んだのだ。この招待状は、プラチナチケットの類ではない。最初に候補に選ばれ、「パンチパーティー」と呼ばれるパーティーに招待される学生（大部分が二年生だ）は二〇〇人もいるのだが、そのうち、フェニックスの新メンバーになれるのは、二〇人ほどしかいないからだ。だが、招待状が届いた瞬間、エドゥアルドは、ハーバードの合格通知の封を切った時と同じくらい感激した。入学以来、ファイナルクラブのメンバー候補になりたいとずっと願ってきたからだ。そして、ついにその日が来た。

あとは自分の頑張り次第である。そしてもちろん、今、話している黒人学生のようなメンバーにどう見られるかが大事だ。選考にあたっては、今夜のように皆が顔を合わせ、挨拶をするカクテルパーティーが四回行われるが、これは一種の「集団面接」である。エドゥアルドなどの招待客が、それぞれの寮に帰っていった後、フェニックスのメンバーは、建物の二階にある秘密の部屋に集合して、候補者の今後の運命について慎重に検討するのだ。イベントが繰り返される度、次のイベントに招待される候補者は減っていく。そうして、二〇〇人が徐々に二〇人にまで絞り込まれていくのである。

もし最後まで残ることができたら、エドゥアルドの人生は変わることになるだろう。彼はその夏、気圧の変化を丹念に調べ、それが石油の流通パターンにどう影響するかの予測を立てた。地道な努力であり、他の人とは違った少々「独創的」な努力だが、それが思わぬところで役に立つかもしれない。

「本当の勝負は、三〇万ドルをいかにして三百万ドルにするか、その方法を見つけられるかどうか、なんですよ」エドゥアルドはそう言ってニヤリと笑った。「でもそれがヘッジファンドの面白いところですね。創意工夫の余地が本当に大きいんですよ」

彼は必死でデタラメな話を続け、ブレザーの学生たちを翻弄した。このテクニックは、一、二年生の時に「予行演習」として参加した無数のパーティーで磨いたものだ。今、大切なのは、これがもうリハーサルではなく本番だ、という状況を忘れることだろう。頭の中で、彼は「これは普段の何でもないパーティーなんだ」と思い込もうとしていた。話している相手は今、自分を値踏みしているわけだが、そうではないと自分にいい聞かせていたのだ。次のイベントへの招待者リストに残るんだ、という目標も考えないようにしていた。考えていたのは、これまで特にうまく話ができたパーティーのことだ。あれは、カリブ海をテーマにしたパーティーで、会場にはフェイクのヤシの木が置かれ、床には砂が敷かれていた。彼はその時の自分に戻ろうとした。あの時の会話がいかにスムーズだったか、いかにすべらなかったか、それを思い出そうとしたのだ。そうするうちに、徐々にリラックスしてきた。そして、自分自身の話と自分自身の声に酔えるようになってきた。

完全に、あのカリブのパーティーに戻ったような気分だった。細かいところまでその時のことが思い出せた。鳴り響くカリプソ、耳につくスチールドラムの音。ラムベースのパンチや、ビキニに花をあしらった女の子たち。

そういえば、今、彼から三メートルと離れていない部屋の片隅にいる学生も、そのパーティーにいたのを思い出した。特徴のある癖毛だ。こちらの様子をうかがっている。勇気を振り絞って、一歩先を行くエドゥアルドの後を追いかけようとしているのだ。手遅れにならないうちに「フェニックス」のメンバーに近づかなくてはいけない。しかし、どうしてもその場から動けないようだった。パーティーでうまく立ち回ることができず、自滅してしまう人間の類なのは明らかだ。その場所にだけ、まるで、目に見えない力がはたらき、彼を覆っているようだ。磁石が反発し合うように、近づこうと思っても跳ね返され、決してそばに来ることはできない。

エドゥアルドは彼に少し同情してしまった。それは、その癖毛に見覚えがあったし、「ああいう人間はフェニックスには入れないだろうな」と思ったからだ。どのファイナルクラブであろうと、ああいう人間に入会者候補となる資格はないのだ。そもそもなぜ、このパーティーに出席できたのかが疑問だった。ハーバードに、そんな学生たちが入り込めるちょっとした「隙間」がたくさんあるのも事実だ。たとえば、コンピュータ関係の研究室もあれば、チェスのクラブもある。その他、アングラの組織や趣味の団体が数多くあるし、色々な意味で社会にうまく適応できない人であっても、どこかしら自分に合う居場所を見つけることはできるのだ。その癖毛の学生は、社交の何たるかがまるでわかっていないことは、エドゥアルドから見ても明らかだった。社交術を身につけていないのは、「フェニックス」のようなクラブに入会するための最低条件すら満たしていないことになる。

しかし、自分の夢を追うのに忙しいエドゥアルドには、部屋の隅にいる不器用な男についてあれこれ考えている余裕はなかった。

実は、その男こそが、後に社交（ソーシャルネットワーク）の概念を完全に覆してしまう人物なのだが、もちろん、その時にはそんなことを知る由もなかった。パーティーでうまく立ち回れず苦戦していた男が、「ファイナルクラブ」とは比べ物にならないほど、大きくエドゥアルドの人生を変えてしまうことになるのだ。

第二章　ハーバードヤード

午前一時を一〇分ほど過ぎた頃だった。部屋には装飾が施されていたが、それが今や、悲惨な状態になっていた。壁に貼りつけてあった白と青のリボンは落ちかかっていた。タフタ織りのような風合いのクレープ紙を巻いて作ったリボンが低く垂れ下がりすぎて、下に置かれた特大のパンチボウルにかかりそうになっていた。リボンとリボンの間の何もないスペースを飾ろうと貼られた明るいデザインのポスターも剥がれかかり、次々と床に落ちていった。床は紙で埋まり、ベージュのカーペットが覆われて見えなくなるくらいだった。

よく見てみれば、その部屋の惨状の理由はよくわかる。ポスターやリボンはガムテープで壁に固定されていたが、壁に取りつけられた暖房用のラジエーターから出る熱で、ガムテープが収縮してしまった。空調設備の調子が悪く、暖房が利きすぎてしまっていたのだ。

ニューイングランドの一〇月ともなると当然、暖房は必要だ。さすがに天井から下がっていた「アルファ・イプシロン・パイ、パーティー２００３」と書かれている旗〔アルファ・イプシロン・パイは、ハーバードのフラタニティの名前。フラタニティとは、学生の社交団体のこと〕までが熱くなってしまうほどではなかったが、洞窟のような教室の壁に並んだ大きな窓には氷が張り始めているのだから、仕方がないのかもしれない。

エドゥアルドは旗の下に立っていた。細い足に細いスラックス、オックスフォードシャツのボタンは一番上まで留めていた。彼の周囲には、だいたい同じような格好をした男子学生が四人いた。二年生と三年生ばかりだ。この四人だけで、パーティー出席者の三分の一を占めていた。遠くの方には女子学生が二、三人。服装はばらばらだった。中には、スカートをはいてきた子もいたが、さすがに寒いので、グレーのレギンスをはいていた。

ハーバードのアンダーグラウンドフラタニティの生活というのは、他の大学でよく見られるような、「毎日どんちゃん騒ぎ」の生活とは大きく違っている。また、「アルファ・イプシロン・パイ」というフラタニティ自体、アンダーグラウンドフラタニティの典型、というわけでもなかった。ユダヤ系フラタニティの中でもトップに君臨する「アルファ・イプシロン・パイ」のメンバーたちは、パーティー好きというよりも、成績優秀な集団として知られていた。表向きは敬虔なユダヤ教徒の集団だったが、周囲の評判はまったく違っていた。真に敬虔なユダヤ教徒というと、ユダヤの戒律を厳格に守り、異性との交際でも相手はユダヤ教徒に限られる、そんなイメージだ。男女問わず、キャンパス内にある専用施設「ヒレルハウス」に参加し、寄付なども進んでする——一般的にはそう見られている。だが、「アルファ・イプシロン・パイ」のメンバーはユダヤ教徒の戒律とは一切無縁で生活をしている者がほとんどだった。唯一、ユダヤ教徒らしいところと言えば、彼らの姓くらいだ。「アルファ・イプシロン・パイ」のメンバーがあえてユダヤ人の女の子とつき合うとすれば、それは「両親を喜ばせたいから」だけだ。実際には、ユダヤ人よりはむしろアジア系の女の子とつき合う学生の方が多いくらいである。

エドゥアルドは、何かにつけてフラタニティの仲間たちとそのことでよく話していた。彼ら全員が共通して抱いている気持ち、大げさに言えば「基本思想」のような話題だったのかもしれない。

「別に僕らは、特にアジア系の女の子が好きってわけじゃないんだ」エドゥアルドは、パンチをちびちびと飲みながら言った。

「どうもアジア系の女の子たちの方が、僕らのような男が好きみたいなんだよな。だから、いい子とつき合えるチャンスをできるだけ増やしたいと思えば、やっぱり、自分たちに一番興味を持ってくれそうな子たちに目を向けることになるんだよなあ。釣れそうな魚の多い池に行く、というか」

そんな彼の意見に仲間たちはうなずき、賛成した。ユダヤ系とアジア系の男女関係について、以前はもっと理屈っぽく話していたのだが、今夜は話をわざと単純化していた。

「でも、今は」エドゥアルドは、レギンスとスカートをはいた女の子の方に目をやりながら言った。

「その池もちょっと干上がっているね」

これにも仲間たちはすぐに賛成した。しかし、こんなことを言いながら、四人の中に女の子を前にして実際に何か行動を起こすような者は誰もいなかった。エドゥアルドの右隣の学生は、身長は一七〇センチより少し低いくらいでずんぐりした体型。ハーバードのチェスチームに入っていて、六ヶ国語を流ちょうに話せるのだが、女の子とのコミュニケーションにはどうやら役立ちそうもなかった。その隣の学生は漫画を描いていて、作品が大学新聞『ハーバード・クリムゾン』に掲載されていた。暇な時は、寮のダイニングホールの上にある学生ラウンジでロールプレイングゲーム（RPG）をしていることがほとんどだった。さらにその隣には、彼のルームメートがいた。一八〇センチを優に超える長身で、一見、バスケットボール選手のようだが、ハイスクールでもユダヤ人プレップスクール〔名門大学への進学を準備する学校〕でも、ずっとフェンシングをしていた。良い選手ではあったが、フェンシングがいくら強くても、現代社会では特に女の子の気を惹くのに役立つわけではなかった。今が一八世紀で、海賊が女の子の寮室を襲う、ということでもあるのなら、いつでも戦って撃退する用意はあるのだが、残念ながら、今はそういうこともなく、せっかくの腕前も役には立たない。

エドゥアルドの真向かいに立つ学生も、フィリップス・エクセター・アカデミー〔ニューハンプシャーにあるボーディングスクール（寄宿制学校）。PEA〕にいた時には、やはりフェンシングをやっていた。しかし、彼の左にいた長身の男とは違ってがっしりした体格というわけではなかった。彼はどちらかといえば、エドゥアルドと同じように、運動は苦手なタイプだった。ただ、ほっそりした体と腕や脚の均整は取れていて、見た目には、運動ができないような印象は受けない。

彼はスラックスではなく、カーゴ・ショーツ〔半ズボンの一種〕をはいていて、サンダルばきで靴下ははいていなかった。鼻が高く、ブロンドがかった茶色の髪はカールしていてモップのようだ。目はライトブルー。その目には少しいたずらっぽい表情がある。だが、彼が何を感じ、何を考えているのかを読み取るには、目つきの変化を見るしかなかった。面長の顔は、全体としては表情に乏しい。また彼の態度や全体の雰囲気には、どこか人を寄せつけないところがあった。それは仲間たち、気心が知れているはずのフラタニティの仲間たちといる時でも同じで、見ていて痛々しいくらいにぎこちない人づき合いをしていた。

彼の名はマーク・ザッカーバーグ。二年生だった。エドゥアルドはマークと「アルファ・イプシロン・パイ」イベントでかなり多くの時間を共有していた。思い出せる限り、フェニックスのメンバー選抜イベントで少なくとも一度は一緒になっているのだが、いまだにどんな人間なのかよく知っているわけではなかった。ただし、彼の噂は、知り合う前からよく耳にしていた。マークは、コンピュータサイエンス専攻で、エリオットハウス寮に住んでいた。歯科医、精神科医の息子として生まれ、ニューヨーク州ドブズフェリーのアッパーミドルクラスの街で育った。ハイスクール時代は腕利きのハッカーだったようで、あちこちのコンピュータシステムに侵入することができ、あげくにＦＢＩのブラックリストか何かに載せられたという話もある。そんな噂が本当なのかどうかはともかく、マークがコンピュータの天才であるのは間違いなかった。「フィリップス・エクセター・アカデミー」時代は、そのスキルを活かして「リスク（Risk）」というボードゲームのコンピューター版を作って有名になっている。また、友人とともに、「シナプス（Synapse）」というソフトウェアも作った。これは、ＭＰ３プレーヤー用のプラグインで、ユーザーの好みを学習し、それを基にそのユーザーに合ったプレイリストを作るというソフトウェアである。マークは、「シナプス」をウェブから無料でダウンロードできるようにしたのだが、すぐに大手企業から買収したいという連絡が入ったらしい。マイクロソフトから、一〇〇万ドルと二〇〇万ドルの間くらい出すという申し出があったにもかかわらず、それを断ったという驚くべき噂もあった。

エドゥアルドはコンピュータには強くなかったし、ハッキングについてもほとんど何も知らなかった。だが、事業を営む家に育った彼にとって、百万ドルの申し出を断れる人物というのは魅力的だし、少し恐ろしい存在でもあった。彼のぎこちない態度に加え、こうした噂で彼は神秘的な存在になっていた。謎めいた天才、というわけだ。「シナプス」の後、ハーバード入学後には「コースマッチ（Coursematch）」というソフトウェアを書いた。これは、ハーバードの学生向けのソフトウェアで、これを使うと、他の学生たちがそれぞれどの授業を取っているかを知ることができる。エドゥアルドも何度か使ったことがあった。ダイニングホールで見かけたかわいい女の子が取っている授業がわからないかと思ったのだが、ほとんど役に立たなかった。それでも、「コースマッチ」の人気は高く、キャンパスでは称賛の声が多かった。ただし、ソフトウェアを作った人間を称賛するというわけではなかったようだ。

他の三人がパンチのお代わりをとりに行った時、エドゥアルドは、この癖毛の二年生を改めてよく観察してみた。彼は常々、他人の人となりを探ることには自信を持っていた——それは父親が彼に教えたことでもあった。世界を相手にビジネスをする時、人より一歩先を行くためには、他人の人となりをすばやく捉えることがとても重要だと言うのである。第二次世界大戦中に辛くもホロコースト〔ナチスドイツが行ったユダヤ人に対する大虐殺〕を逃れてブラジルに渡り、裕福な生活を手に入れた移民の二世である彼の父にとって、ビジネスがすべてだった。また、そういう歴史があるからこそ、自分の子が苦境に陥っても生き延びられるようにという気持ちから、子供を厳しく育てるようになっていた。代々事業を営んできた家柄だから、時代や社会環境に関係なく「人を知る」ことが成功するためにいかに重要かがよくわかっていた。ブラジルはサヴェリン家にとって単なる出発点にすぎなかった。一家は、間もなくマイアミへの移住を余儀なくされた。エドゥアルドが一三歳の時だ。エドゥアルドが誘拐団の標的リストに載っていることがわかったのである。父親が経済的に成功したためだ。

中学生にして、エドゥアルドは、まったく見知らぬ世界に迷い込むことになった。未知の言語である英語を必死で学び、同時にマイアミという未知の土地の文化にも苦労してなじんだ。だから、たとえコンピュータのことはよく知らなくても、自分が周囲にうまく溶け込めない「よそ者」

の感覚はよくわかっていた。理由はどうあれ、自分が他の人間と違っていることは認識していたのである。

マーク・ザッカーバーグは、エドゥアルドの目から見て、明らかに他の学生と違っていた。彼が際立って優秀だったから、ということもあるだろう。彼は今、ここにいる仲間たちともあまり打ち解けてはいなかった。ユダヤ人同士であっても、というだけでなく、何か一つのことにのめり込む「マニアック」な若者たちの中でも、同じことだった。金曜日の夜だというのに、こんなお粗末な飾りつけをしただけの教室にたむろして、実際に声をかけるわけでもない女の子の話をするくらいしかない「同類」の中でも、彼は浮いていた。

「楽しいね」マークは、ようやく沈黙を破った。その話し方には、およそ抑揚というものがなかったので、エドゥアルドは、その言葉で本当は何を言おうとしているのか読み取ることができなかった。

「ああ」エドゥアルドは答えた。「今年はパンチにラムが入っているだけマシだね。去年はカプリサン〔フルーツジュースの商品名〕だったからね。今年は奮発してくれたらしい」

マークは咳き込んで、そばにあったクレープ紙のリボンをつかんだ。すると、留めていたガムテープが剥がれて、リボンが床に垂れ下がり、彼のはいていたアディダスのサンダルのところまで落ちてきた。マークはエドゥアルドを見て言った。

「ジャングルへようこそ」

それを聞いてエドゥアルドは笑った。やはり表情に乏しいため、マークがふざけているのかどうかはよくわからなかったが、彼の青い目の奥には何かふてぶてしさがある、ということだけはわかってきた。この場所もそうだが、周囲で起きるすべてのことが、彼にとっては刺激が少なすぎて興味が持てないのかもしれない。皆が思っているとおり、彼は真の天才のようだ。エドゥアルドはふと、自分が友達に欲しかったのはまさにこういう人間なのではないか、と思い始めた。もっとよく彼のことを知るべきなのではないか。一〇〇万ドルを蹴るくらいだから、自分がこうなりたい、こっちに進みたい、という意志がしっかりと定まっている人間に違いない。

「今日はもうお開きだね」エドゥアルドは言った。「僕は川の方に帰るんだ。エリオットハウス寮だから。君はどこの寮だっけ。もう聞いたかもしれないけど」

「カークランドハウス寮だよ」マークはそう答え、頭を向けて教壇の脇にある出入り口の方を指した。エドゥアルドは、まだパンチボウルのところにいる他の友人たちの方をちらっと見た。彼らは皆、少し離れた寮に住んでいて、パーティーが終われば、自分とは違う方向に帰るのだ。こ の変わり者のことを知るいい機会かもしれない。そう思ったエドゥアルドはうなずき、マークの後について、まばらに立つ人の間を縫って歩いた。

「もし良ければ」教壇の横を通り抜ける時にエドゥアルドは行った。「僕の住んでるフロアでもパーティーをやっているんだけど、のぞいてみないか。どうせひどいもんだろうけど、ここよりひどいってことはないと思うから」

マークは肩をすくめた。二人とも、ハーバードには長くいるわけだから、寮のパーティーがどの程度のものかくらいのことは十分にわかっていた。男が五〇人くらいのところに、女の子はせいぜい三人くらい。それだけの人間を狭くて棺桶のような部屋に押し込めるのだ。出されると言えば安物のビールくらいで、しかもそのビールの樽に穴をあけて中身を盗み出そうとする者までいる始末だ。

「いいよ」マークは、後ろを振り返って答えた。「明日までにやらなくちゃいけない課題はあるけど、対数なんていうのは、しらふのときより酔っぱらってる方ができるもんだしね」

教室を出た二人は、しばらくして一階へとつながるコンクリートの吹き抜けまで来た。二人とも無言のまま歩いていたが、両開きのドアまで来ると、木々の立ち並ぶ、静まり返ったハーバードヤードへと飛び出した。冷たい、身の引き締まるような風が吹きつけてくる。エドゥアルドの着ていた薄いシャツの中まで、その風が中に入り込む。彼は両手をスラックスの深いポケットに突っ込み、ヤードの中央へと続く舗装された道を先へ進んだ。彼の寮もマークの寮も、川のそばだったが、川までは歩いて一〇分はかかる。

「くそ、寒いな。マイナス一〇度くらいかな」

「いや、五度くらいはあると思うよ」マークは答えた。

「何しろマイアミ育ちだからさ。これでもマイナス一〇度くらいかなと思っちゃうんだよ」

「じゃあ、走って行こうか」

マークはゆっくり走り出した。エドゥアルドも後に続いたが、息が切れて、新しい友達について行くだけで必死だった。二人は横に並んで、ワイドナー記念図書館の幅の広い階段の前を通り過ぎた。巨大な支柱の立ち並ぶ玄関へと続く階段だ。エドゥアルドは、夜になるとその図書館で本の山に埋もれて過ごすことが多かった。特に多く読んだのが、アダム・スミス、ジョン・スチュアート・ミル、ガルブレイスなどの経済理論の本である。午前一時でも、図書館はまだ開いていて、大理石造りのロビーからガラス戸を通してオレンジ色の光が漏れ出し、大きな階段に長い影を落としていた。

「四年になったら」図書館の階段のすぐ下を走っている時、エドゥアルドは荒く息をしながら苦しそうに言った。そのまま行くと、ハーバードヤードからケンブリッジの街に出る鉄の門にたどり着く。「あの図書館の中でセックスをするんだ。絶対にやってやる」

それはハーバードに古くからある「伝統」だった。卒業前に済ませるべきこととされる、一種の通過儀礼と言っていいかもしれない。ただ、実際には、本当にそんなことをする学生はいなかった。

図書館の書棚は巨大な建物の地下数フロアを貫くほど高く、車輪がついていて、レールの上を自動的に移動できるようになっていた。迷路のようになった書棚の間の狭い通路を、学生や職員が絶えず行き来している。そんな中で誰にも見られずに「儀式」を実行に移せる場所を見つけるのは至難の業だ。そして、いくら伝統を受け継ぎたいと願ったところで、それに同意してくれる女の子を見つけることはさらに難しかった。

「一歩ずつ、だね」マークは答えた。「まずは寮の部屋に女の子を連れて帰るところから始めないと」

エドゥアルドは一瞬、顔をしかめたが、すぐにまた笑顔になった。何となく、彼の辛辣なユーモアが好きになってきていた。

「いや、それほど絶望的じゃないんだ。なんたって僕は『フェニックス』のメンバー候補に残ってるからね」

マークはエドゥアルドの方を見た。角を曲がり、図書館の脇を歩き始めていた。

「それはおめでとう」

その口調にはやはり抑揚がなかった。しかし、マークの目がほんのわずかだが光ったのがわかった。その光は羨ましい、というよりは「お前、やるな」という気持ちの表れだったようだ。「フェニックス」の話を持ち出したときによく見られる反応でもあったからだ。ありとあらゆる知り合いについ話をしてしまうので、もはや相手がどう反応するかわかっていたのだ。彼は「フェニックス」メンバーの座に着実に近づいていた。三度の選考を通過していたのだから、かなり可能性はあると言えるだろう。ついにここまでやって来た、という気分だ。これまで気乗りしないまま付き合ってきた「アルファ・イプシロン・パイ」のパーティーなんか、ひょっとしたら（まだひょっとしたら、としか言えないが）過去のことになってしまうかもしれないのだ。

「でさ、僕が本当にメンバーになったら、君をメンバー候補にすることができるんだ。来年、三年生で君は『フェニックス』のメンバー候補になれるってこと」

マークはすぐに返事をしなかった。少し、驚いたのかもしれない。というよりも、今聞いた言葉の意味を考えていたのだろう。彼の話の仕方は、コンピュータにどこか似ていた。何か情報が入力されると、それに対して処理が行われ、結果が出力される、というように。

「それはまあ……面白いかもね」

「何人か他のメンバーとも会えれば、君ならきっと高評価だよ。君の『コースマッチ』っていうプログラムを使っている人はメンバーにも多いだろうから」

エドゥアルドには、そのアイデアがいかにバカバカしいものか、よくわかっていた。「フェニックス」のメンバーが、マークがどんなにすごいコンピュータプログラムを作ったからといって、この変わり者に興味を持つことはないだろう。プログラムがいくら書けても人気者にはなれない。それで女の子にもてるわけでもないし、セックスができるわけでもない。もてようと思えば、パーティーに行くことだ。まずはかわいい女の子のいるところにいなければいけない。

エドゥアルドはまだそこまで到達していない。しかし昨夜、ターニングポイントとも言える四度目の選考イベントへの招待状を受け取ったのだ。イベントは次の金曜の夜だから、あと一週間もない。すぐそばのハイアットで晩餐会が開かれる。そして、二次会の場所は「フェニックス」の建物だ。とても大切な夜だ。おそらく、最後の選考イベントである。それで新メンバーがいよいよ決まるのだ。招待状では、そう書かれていたわけではなかったが、明らかに、晩餐会には女の子を連れて来るように、と「示唆」されていた。クラスメートからは、どんな女の子を連れて来たかで評価が決まってしまう、という噂も聞いた。女の子の容姿が良ければ良いほど、選考を通過する確率が高まるというのだ。

招待状を受け取ってから、エドゥアルドは、一体、どうやって連れて行く女の子を見つければいいだろう、と頭をめぐらせていた。しかもかわいい子でなくてはいけない。時間はほとんどないというのに。寮のパーティーに来ているような女の子ではとてもだめだろう。

とにかく自分の力で何とかするしかなかった。その日の朝九時に、エリオットハウス寮のダイニングルームで、エドゥアルドは、自分の知っている中で一番かわいい子のところにまっすぐ歩いていった。マーシャだ。ブロンドで胸が大きく、実際には経済学専攻なのだが、見た目は心理学専攻という雰囲気。エドゥアルドよりも少なくとも五センチは背が高く、八〇年代風の「シュシュ〔ヘアアクセサリ〕」が少し妙な感じだが、彼女はとにかく美人だ。北東部のプレップスクール的美人だ。フェニックスのメンバー選考イベントに連れていくにはぴったりの女の子だった。

驚いたことに、彼女の返事はイエスだった。しかしエドゥアルドが目的ではなく、「フェニックス」に参加できるからだということに、すぐ気づいたが。「ファイナルクラブ」の晩餐会なのだから、当たり前と言えば当たり前である。もともと「ファイナルクラブ」を信奉していた彼だが、ますます気持ちが高まった。「ファイナルクラブ」は強力な人的ネットワークであるというだけではなく、メンバーになれただけで高いステータスが生まれる。そのステータスのおかげで、最高にきれいな女の子の気を引くことも簡単にできてしまう。まさか、選考イベントが終わったら即、彼女が図書館でのセックスに応じてくれるなどという幻想は抱いてはいなかった。だが、アルコールがある程度入れば、送って帰るくらいはできるだろう。最初は、せいぜい軽いキスで部屋にも入れずに帰ることになるだろうが、四ヶ月もあれば、進展する可能性は十分にある。

二人は走り続け、図書館の古代風の長い柱の影から遠ざかって行き、建物の脇を走り抜けた。マークはまた、エドゥアルドの方を見た。その目からはやはり真意は読み取れない。

「君はそれで満足なの？」

どういう意味だろう。図書館でのセックスのことを言っているのか。それとも今出てきたばかりのパーティーのことを言っているのか。ユダヤ人のフラタニティのことか。あるいは「フェニハーバードヤードを走っていた。一人はオックスフォードシャツのボタンを上まで留めている。もう一方はカーゴショーツ。走っていないと寒くて凍えそうだが、走って向かう先は、しょせんくだらない寮のパーティーだ。

第三章　「ハーバードコネクション」

朝の五時。チャールズ川〔ハーバード大学のそばに流れる川〕のほとりには人気がなかった。川は、ヘビのように曲がりくねっている。ガラスのような水面は少し緑がかった青だ。四〇〇メートルくらいの間に、橋が二つかかっている。ウィークス・フット橋は石造りでアーチ型、もう一方のマサチューセッツ・アベニュー橋はコンクリートで、何車線もの道路が通っている。寒さで凍りつきそうな川の水面上には、濃いグレーの霧が低く垂れ込めている。霧があまりに濃いために、どこまでが川でどこからが空なのか、境目がわかりにくくなっている。

完全な静寂。だが、やがて、ほんのかすかに音が聞こえてきた。オールを漕ぐ音だ。ナイフのような二本のオールが、凍るように冷たい水に刺さり、水の中で渦を起こし、再び後ろから外に出てくる。

やがて、二人乗りのボートがウィークス・フット橋の陰から姿を現した。細長いグラスファイバーのボディが、曲がりくねった川の真ん中を切り裂いていく。二人の漕ぎ手はロボットのようでもあった。お互いがお互いのコピーのようで、砂のような髪の色から、いかにもアメリカ人という顔つきにいたるまで、本当によく似ていた。身長はいずれも軽く一九五センチは超えており、全身がしなやかで、筋肉は、グレーのハーバードクルーのトレーナーの下で波打っていた。この二人、ウィンクルボス兄弟は、専門的には「ミラーツイン」と呼ばれる一卵性双生児である。二人乗りボートの前に乗っていた方のタイラー・ウィンクルボスは、右利きである――そして、どちらかと言うと理詰めで物を考える、生真面目な性格だ。後ろに乗っていたキャメロン・ウィンクルボスは左利きで、創造性豊かな芸術家タイプである。

二人は大学四年で、ボートのオリンピック代表選手の有力候補である。もちろんハーバード以前からトップクラスの選手であった。前年にはジュニアナショナルチャンピオンとなり、数多くの大会でハーバード大学チームを勝利に導いている。ハーバードのチームは、アイビーリーグのランキングでも、多くの部門でトップを独占していた。

二人は朝の四時からチャールズ川に出ていて、二つの橋の間を行ったり来たりしていた。この無言の練習を休むことなく、少なくともあと二時間は続けるのだ。二人共が、限界近くに達するまでオールをこぎ続ける。練習が終わる頃には、キャンパスが動き始める――輝く黄色いリボンのような日光によって、濃いグレーの霧も晴れてくる。

――

三時間後、二人は、プフォルツハイマーハウス寮のダイニングホールにいた。隅に置かれた、長い、すり減った木製テーブルの上座にキャメロンと並んで座ったタイラーは、まだ、足もとに川にいるような揺れを感じていた。長方形のホールは広く、極めて近代的で、天井が高く、照明も明るい。テーブルは一〇以上並んでいる。もう朝食時間が始まってかなり経つため、どのテーブルも大勢の学生でいっぱいになっていた。

プフォルツハイマーハウスは、学部生のハウス〔ハーバード大学の寮はすべて、「ハウス」と呼ばれる組織に属する。ハウスに属する寮自体のことを、「ハウス」と呼ぶこともある〕の中でも新しい。「新しい」とは言っても、三百年以上の歴史を持つキャンパスの中では比較的新しいというだけである。そして最大級のハウスでもあった。二年生、三年生、四年生会わせて約一五〇人を擁していた。新入生はハーバードヤード内に住むことになっていて、ハーバードでの残りの時間をどこで過ごすかは、二年生になる前にくじ引きで決められるのだ。ただし、プフォルツハイマーは最高に人気のあるハウス、というわけではない。このハウスは、「クァド（Quad）」と呼ばれる地帯（長方形の芝生の広場を囲むように建物が並べられた地帯である）に位置していたのだが、かなり辺鄙《へんぴ》な場所なのだ。クァドは、表向き過密状態を解消するための拡張計画の一環として造られたということになっていたが、単に大学にプールされた巨額の寄付金を有効活用しようとしただけにすぎない。

だから一年の終わりに「クァド行き」を言い渡された学生は、まるで自分がシベリアの強制労働収容所に送られるような気分になるのだ。クァドのハウスまでは、学部生の授業の大半が行われるハーバードヤードから優に歩いて二〇分はかかる。タイラーとキャメロンにとっては、クァドに入れられることは、普通の学生とはまた違った問題を抱えることを意味する。彼らは、ヤードまで延々歩いた後、さらに川まで一〇分かけて移動しなくてはならない。ハーバードのボートハウスは、エリオット、カークランド、レベレット、メイザー、ローウェル、アダムズ、ダンスター、クインシーといった、より有名なハウスのそばにあったからだ。

有名なハウスなら、それぞれのハウスの名前で呼んでもらえるのだが、クァドのハウスは、まとめて「クァド」と呼ばれてしまう。

タイラーは、赤いプラスチックのトレイに覆いかぶさっているキャメロンを見た。トレイの上は、食べ物であふれていた。山盛りになったスクランブルエッグやポテト、バタートースト、生のフルーツ……身長一九五センチのボート界のスターには、このくらいは必要なのだろう。タイラーは、スクランブルエッグの山に挑むキャメロンの様子を見て、彼がどうやら疲れきっているようだと感じ取った。ここ数週間は、体力の限界に挑んでいるような活動をしていた。毎朝四時に起きて川に向かい、練習。その後、授業に出て、宿題もこなし、再び川へ出て練習、ウェイトトレーニング、ランニング。学生アスリートの生活はとにかくハードだ。ひたすら漕いで、食べ、後は時々眠っているだけ、そんな日もある。

タイラーは、視線を、スクランブルエッグを食べるキャメロンから、テーブルの向かいに座るディヴャ・ナレンドラに移した。しかし、大学新聞『ハーバード・クリムゾン』を両手いっぱい広げていた彼の姿はほとんど見えなかった。

ディヴャはウィンクルボス兄弟のようなアスリートではなかったが、彼らの情熱や、何事にも真剣に取り組む彼らの信念のようなものはよく理解していた。タイラーが今までに会った中で一番頭の切れる人間がディヴャだった。三人はかなり以前から、ある秘密の共同プロジェクトに熱中していた。一種のサイドベンチャーで、彼らにとって重要なプロジェクトになりつつあった。皮肉にも毎日が忙しくなるのに比例するかのように。

タイラーは咳払いをした。「新聞を置いてくれ」というディヴャへの合図だ。話したいことがあったのだ。だが、ディヴャは、人差し指を立てた。「あと一分待ってくれ」という意味だ。タイラーはいらだち、横目で睨んだ。と同時に、ディヴャのすぐ後ろのテーブルの方にも目を向けた。女の子たちが何人か、彼とキャメロンを見ているのだ。タイラーがそっちを見ると、彼女たちは慌てて目をそらす。

これはいつものことで、もう慣れっこになっていた。彼とキャメロンは一卵性双生児なのだ。珍しいから格好の見せ物になる。しかしここハーバードでは、彼らに視線が浴びせられる理由はそれだけではない。もちろん、二人はオリンピックの有力候補になっている。しかしタイラーとキャメロンは、キャンパス内で一流のアスリートである以上に誇るべき地位を得ていたのだ。

彼らは三年生の時に「ポーセリアンクラブ」のメンバーになったのだ。彼らが三年生でメンバー候補になったのは極めて異例のことだった。「ポーセリアンクラブ」は、ファイナルクラブの中でも最高に名誉あるクラブであり、最も秘密主義で、最も古いクラブでもあった。そして、最もメンバー数が少ないから、必然的にメンバー候補となる学生もごくわずかだった。特に、普通より一年遅れて三年生になってから候補に挙げられる学生は非常に少なかった。

一年遅れたのは、自分たちの生い立ちが原因に違いないとタイラーは思っていた。ポーセリアンのメンバーの大半は、ハーバードに百年以上関わってきた歴史を持つ家庭の出身だ。タイラーとキャメロンの父親は非常に裕福ではあったが、その富は自分の代で築いたものだ。自らの手でコンサルティング会社を興し、大成功させたのだ。資産家ではあるが、歴史がない、というわけだ。「フライ」や「フェニックス」などのクラブなら、彼らは十分に入会条件を満たしていたのだが、ポーセリアンでは十分とは言えなかった。

ポーセリアンはフェニックスなどのような社交のためのクラブ、というわけではない。ポーセリアンの場合、原則としてクラブの建物に女性は入れない。メンバーは、自分の結婚式の日には、妻をクラブの建物に入れ、中を案内できる。また、卒業二五周年の同窓会の日に再度、妻を連れて来ることができる。だが、それ以外、女性が建物に入ることは一切許されない。非会員、あるいは女性が入れるのは、クラブに隣接する有名な「バイシクルルーム」だけである（このバイシクルルームは、結婚式前の「プレパーティー」の会場として人気になっている）。

ポーセリアンでは、他のクラブとは違い、パーティーを開いたり、女の子とつき合ったり、といったことは重要ではない。ポーセリアンで重要なのは、メンバーが将来歩むキャリアである。そして、メンバーであること自体がステータスとなる。ダイニングホールにいても、教室にいても、ハーバードヤードを歩いていても、皆の視線を浴びるのはそのためだ。ポーセリアンの活動は、人と交流するというより、もっと真剣な「ビジネス」のようなもの、と言っていいかもしれない。

タイラーは、ポーセリアンのそういうところが気に入っていた。彼とキャメロンが、普段の朝食時間より一時間も遅い時間にダイニングホールにいて、ディヴャと会っているのも、なにより「真剣なビジネス」が目的だった。真剣な、煩わしいビジネスの話をしなくてはならなかったのだ。

隣のテーブルで顔を赤くしている女の子から視線をそらすと、タイラーは、キャメロンのトレイにあった食べかけのリンゴをつかんだ。キャメロンが文句を言うよりも早く、彼はそのリンゴを、上に向けて放り投げた。リンゴは、ディヴャのオートミールボウルの真ん中に落ちた。オートミールの白いしぶきが舞い上がり、新聞はびしょ濡れになった。

ディヴャは、しばらくそのまま動かなかったが、やがて、読めなくなった新聞を慎重に折り畳み、オートミールのボウルのそばに置いた。

「何だってそんなくだらないもの読むんだ?」タイラーは友人に向かって笑いかけながら言った。

「そんなの、時間の無駄だろう」

「自分がいる大学の様子くらい、知っておきたいじゃないか」

ディヴャはそう答えた。「大学で何が起きているのかを把握しておくのは大事だと思うんだ。一応、会社を始めようと思ってるわけだし、実際、その会社を始めたら、絶対に、こんなくだらない新聞に書いてあることだって役立つはずだよ。そうじゃないか?」

タイラーは肩をすくめたが、確かにディヴャの言うとおりだった。ディヴャの言うことはだいたい、いつも正しい。だからこそタイラーとキャメロンは、彼をパートナーにしたのだ。彼らは、二〇〇二年一二月以降、週に一度かそれ以上顔を合わせていた。二年越しのプロジェクトなのだ。

「いや、ヴィクターの代わりが見つからなければ、俺たちは会社どころか、何も始められないよ」

卵を口いっぱいに頬張ったキャメロンが話に割り込んできた。「それは間違いないね」

「奴は本当にやめたのか?」タイラーは言った。

「ああ」ディヴャは答えた。「仕事が多すぎるっていうんだ。とてもそんな時間はないってさ。だから新しいプログラマーを見つけなきゃいけない。ヴィクターほどの奴を見つけるのは大変だと思うなあ」

タイラーはため息をついた。もう、まる二年か――プロジェクトを始めた時から二年も経つというのに、会社立ち上げという目標にはまったく近づいていないように思える。そんな中でも、ヴィクター・グアは貴重な戦力だった。コンピュータの天才で、彼らが何を作ろうとしているのか、よく理解してくれていた。だが、ウェブサイトを完成させる前に、彼はやめてしまった。

タイラーかキャメロンかディヴヤに、コンピュータの知識が十分にあれば、考えている事業をすぐにでも始めることができるのだが、残念ながらうまくいっていない。だが、自分たちのやろうとしている会社は大成功するはず、とタイラーは思っていた。知識はないが、直感でわかるのだ。そのアイデアは驚くべきものだ。最初に思いついたのはディヴヤ。そのアイデアを知って心底「すごい」と感じたタイラーとキャメロンは、ともに実現に向かって走り出した。

「ハーバードコネクション」と名づけられた彼らのプロジェクトは、ハーバードの学生のキャンパスライフを大きく変えるウェブサイトを作るプロジェクトであった。コンピュータのプログラムを書ける人間さえいれば、すぐに実現できるはずだった。アイデアの核心は非常にシンプルなものだ。要するに学生どうしの「人づき合い」をコンピュータ上でできるようにしてしまおう、ということである。そのサイトがあれば、タイラーやキャメロンのように、ボートと食事と睡眠だけで日々を過ごしているような学生も、女の子と知り合うことができる。今は、隣のテーブルから彼らを盗み見ているだけの子たちと知り合うことができるのだ。これまでなら、女の子と知り合おうと思えば、キャンパス内をうろうろ歩き回るなどして、無駄な時間と労力を費やす必要があったのに、その必要がなくなる。

エリートばかりのハーバードの中でも、特に選ばれたエリートと言えるタイラーやキャメロンだからこそ、いかにハーバードのキャンパスが社交面で問題があるがよくわかっていた。彼らのように、女子学生が真っ先に結婚相手にしたいと思う男子学生に限って、女の子と出会うチャンスが少ないのだから。何かに打ち込んでいるからこそ特別な存在になっている彼らは、忙しすぎて、時間がないのだ。社交のためのウェブサイトがあれば、その問題を解決できるはずだ。そのサイトを、男女が気軽に出会える場にするのだ。

ハーバードのキャンパスは人間関係が硬直化し、あまり活気のないものになっているが、「ハーバードコネクション」があれば、それを打ち破りたいという皆の気持ちに応えられるだろう。これで、ボート選手はボート選手の、野球選手は野球選手の、フットボール選手はフットボールの選手の、それぞれの世界の中に閉じこもりがちだった。彼らは、川や野球場、フットボール競技場の周辺にいる以外の女の子とは知り合えなかった。クァドで暮らしていれば、クァドに出入りする女の子としか知り合えない。もちろん、「Hボムを落とす〈H-Bomb は元々、水爆のことだが、ここでは、会話中に、ハーバードの学生であることを相手に知らせることを指す。主として女の子の気を惹くために使われる〉」という手段は、どこへ行っても有効だ。ハーバードの学生だと告げれば、興味を持ってもらえる確率は高い。ただ、その方法は、女の子がそばに来ない限り使えない。「ハーバードコネクション」が実現すれば、Hボムをもっと広範囲に落とすことができる。「シンプルで完璧なもの。確実にニーズを満たすもの」それが目標だ。サイトは二つのセクションに分ける。「デート」のセクションと、「出会い」のセクションだ。ハーバードで成功したら、いずれはアイビーリーグの大学全体にも広げていきたいと考えていた。アイビーリーグの大学なら、どこもそれぞれに「Hボム」に類した武器が使えるはずだ。

彼らのビジネスプランに唯一欠陥があるとすれば、コンピュータの天才の助けを借りなければサイトが作れないことだった。タイラーとキャメロンはハイスクール時代にHTMLを独学で多少、勉強してはいたが、自分たちの計画しているようなサイトを作れるほどの技術はなかった。サイトの実現には、「本物のギーク」と言えるような人間が必要だった。ただ賢いだけでは駄目で、彼らが何をしようとしているのか、深く理解してくれる人間でないと困るのだ。「ハーバードコネクション」は、学生たちの日々の生活の習慣に入り込むようなものになるはずだった。学生たちは、たとえば、週末の予定を立てるのに、サイトを利用する。シャワーを浴び、髭を剃り、電話をかける、それと同じように「ハーバードコネクション」へアクセスする。それで、誰が自分に関心を持っているかを確かめる。

「ヴィクターは、自分の代わりを探してみるとは言ってたけど」ディヴャは、新聞を少しでも乾かそうと、オートミールボウルの上で振りながら言った。「コンピュータサイエンスのクラスから探すのがいいんだろうけど。面接をした方がいいよね。まずは人を探してるってことをあちこちで言おう」

「ポーセリアンでもきいてみるよ」キャメロンが言った。「まあ、あそこのメンバーにはコンピュータに詳しい人はいないと思うけど。うちの弟が詳しいよ、なんて人は、いるかもしれない」

　タイラーはそれを聞いて「なるほど」と思った。あとは、サイエンスセンターに求人広告を掲示するのもひとつの手だろう。コンピュータラボのあたりをうろうろしてみるのもいい。ディヴャはまだ、新聞を乾かそうとしている。タイラーは、それを見て、苛立ちつつも、笑わずにはいられなかった。ディヴャは、上品な人となりだった。両親とも、クイーンズ（ニューヨーク）とベイサイド地区出身のインド人医師で、彼は兄の後を追うようにハーバードに入った。服装や髪型は常に整っていて、話し方にも品があった。実はエレキギターの名手であり、難しいヘヴィメタルの速弾きソロを見事に弾きこなすのだが、一見、とてもそんなふうには見えない。また、大変なきれい好きでもあった。新聞紙でさえ、きれいにしておきたいようだ。

　ディヴャと新聞をしばらく見ていたタイラーは、ふと、ディヴャの後ろのテーブルにいる女の子たちに目を移した。中でも一番、背の高い子が、真っ直ぐ彼の方を見ていた。ブルネットの髪に、目を引く茶色の瞳。〝Harvard Athletics〟と書かれたトレーナーの下に、襟ぐりの深いタンクトップを着ている。トレーナーはわざと破いてあり、破れ目から日に焼けた肩がのぞいている。その彼女が、笑顔で彼を見ているのだ。タイラーもつい、彼女に微笑み返した。

そこでディヴァが咳払いをしたので、タイラーの妄想は遮《さえぎ》られた。

「どうやら彼女はＨＴＭＬに関心があるらしいな」

「きくだけきいてみよう」タイラーはブルネットの娘にウィンクをしながら答え、立ち上がった。

今日はまだ大して何も話し合っていないが、ヴィクターの代わりが見つからないことには、彼らにできることはほとんどないのだ。彼は女の子の方に向かって少し歩いてから、立ち止まり、オートミールまみれの新聞を手に持ったディヴァの方を見てにやりと笑った。

「とにかく、そのくだらない『クリムゾン』をいくら眺めても、プログラマーは見つからないだろうな。それだけは確かだよ」

第四章　フェニックスの通過儀礼

エドゥアルドは両開きのドアをできるだけ静かに押し開け、巨大な教室の一番後ろに潜り込もうとした。授業はずっと前にすでに始まっていた。映画館のように、前に行くほど低くなった教室の最前部には、周囲より少し高くなったステージが設けられ、その上で、ツイードのスポーツコートを着た、太った小さい男が熱っぽく話をしていた。まるで飛び跳ねているようにも見える。後ろから、スポットライトが照らしている。コンサートで使うような大きなスポットライトだ。前に置かれているのは、大きなオーク材の教卓。エネルギッシュな動きで、小さく丸い頬が赤く輝き、「熱さ」が伝わってくる。彼は華奢な腕を上下に動かし、時々、教卓を叩いた。その度に、非常に高い天井に取り付けられたスピーカーから「バン!」と、拳銃を撃ったような音が響いた。しばらくして、彼は頭の上を指さした。彼の後ろに三メートルくらいの高さの黒板があり、その黒板には、フルカラーの地図が掲げられていた。トールキン〔作家。『指輪物語』の著者〕の本に出てきそうな地図でもあり、また同時に、フランクリン・ルーズベルト大統領の作戦司令室に貼ってありそうな地図でもあった。

何の講義なのか、エドゥアルドにはまったくわからなかった。講師にも見覚えはなかった。しかし、別に珍しいことでもなかった。ハーバードには教授だけでも数え切れないほどいるし、その他ティーチングフェロー、シニアチューターなどと呼ばれる人たちも大勢いる。その全員の顔と名前がわかることなどまずあり得ない。大きい教室の三百くらいある席がほとんど埋まっているから、おそらく「コア科目（必修科目）」の講義らしい、ということだけはわかった。これほどの規模で行われるのは、コア科目くらいだからだ。強制的に受講しなければいけないコア科目の授業は、エドゥアルドやマークのような学生にとっては、ハーバードで生きていく上で「必要悪」とも言える。

ハーバードのコア科目は必修というだけでなく、学校側にとっては学校の「思想」「哲学」を体現したもの、と言える。学生は皆、全授業時間の少なくとも四分の一はコア科目を履修しなくてはならない。その背後には、ハーバードに来たものは全員が偏りのない教養を身に着けるべき、という思想が隠されている。コア科目は、外国文化、歴史、文学、道徳、数学、科学、社会、などの分野に分かれている。その理念は確かに素晴らしいのだが、コア科目の実態は、その崇高な理念からはほど遠い。誰一人、その科目に関心を持って履修するわけではないために、授業の内容はどうしても「最大公約数的」なものにならざるを得ないからだ。たとえば、歴史学など、人文科学系の講座では、民間伝承や神話などを学ぶ、というくらいで深く専門的なことを学ぶような講座はない。講義中、ほとんどの時間を寝て過ごす学生も多くなってしまう。そういう人文科学系の講座は、ふざけて「ギークのためのグリーク〔グリーク＝Ｇｒｅｅｋにはギリシャ語、という意味と同時に、理解できないもの、という意味がある」」などと呼ばれることもある。反対に、物理学の初歩を学ぶような講座は、「詩人のための物理学（Physics for Poets）」と呼ばれる。人類学系の風変わりな講座がいくつもあるが、どれも浮世離れし過ぎていて、実生活にはほとんど、いや、まったく役立ちそうもない。コア科目があるために、ハーバードの卒業生のほとんど全員が、ヤノマミ族を扱った講座を少なくとも一つは受ける。ヤノマミ族は、アマゾンの熱帯雨林で今も石器時代さながらの生活をしている気性の激しい少数部族である。ハーバードの卒業生の中には、政治学や数学のことはよく知らないという者もいるが、ヤノマミ族について尋ねれば、彼らの気性が激しいこと、部族内で抗争がよく起きること、長い棒で戦うこと、派手なピアスをつける風習があること、そのピアスは、ハーバードスクエアのスケートボード場でたむろしている連中よりもすごいことなどは全員が知っている。

広大な教室の一番後ろから、エドゥアルドは、先生が、教卓の後ろで激しく動く様子を見ていた。天井のスピーカーから大音量で聞こえて来るのは、わけのわからない言葉ばかりだ。彼の見る限り、歴史か哲学に関係する講義のようだ。よく見てみると、先生の後ろの地図は昔のヨーロッパの地図で、三百年ぐらい前のもののようだが、はっきりしたことはわからない。さすがにこれは、ヤノマミ族とは関係なさそうだが、何しろハーバードのことだから断定はできない。

彼は今朝、何も「教養の偏り」を少しでもなくそうしてここにやって来たのではない。それとはまったく違う「使命」を帯びていたのだ。

彼は、右手でステージの明るいスポットライトをさえぎり、教室の中を見回した。左手には青いタオルで覆われた重くて大きいダンボール箱を抱えていた。教室にいる学生たちを一人一人確認しながらも、彼はその箱を乱暴に動かしたりしないよう気をつけていた。

数分かかってようやく彼はマークを見つけた。後ろから三列目の席に一人で座っている。サンダル履きの足を前列の誰もいない椅子にかけている。膝の上には、開いたノートが置いてある。だが、ノートを取っている、という様子はなかった。というより、目を覚ましている様子がまったくなかった。目は閉じているし、頭は、彼がいつも着ているフリースのフードで覆われていた。両手をジーンズのポケットに突っ込んでいる。エドゥアルドはそれを見て笑みをこぼした。この何週間かで、エドゥアルドとマークは「親友」と言えるくらいの友達になっていた。住んでいる「ハウス」も違えば、専攻も違うが、心の中には何か共通するものを持っているような気がしていた。不思議なのだが、実際に友達になる前から、そうなる運命のような気もした。短期間のうちに彼はマークのことを心から気に入って、単に同じユダヤ人フラタニティの仲間というより、本物の兄弟のようにも感じ始めていた。マークも同じ気持ちに違いない、とエドゥアルドは思っていた。笑顔のまま、エドゥアルドは静かにゆっくりと、マークの座っている列に向かって通路を進んだ。マークの隣の席は空いていたので、エドゥアルドはそこに腰を下ろし、抱えていた段ボール箱を慎重に、膝の前の床に置いた。

マークは目を開け、隣に座ったエドゥアルドを見た。そしてゆっくりと、床に置かれた段ボール箱に目を移した。

「ん？　どうしたんだよ」

「うん」エドゥアルドは答えた。

「それ、まさか――」

「そうだよ」

マークは低く「ヒューッ」と口笛を吹いて、前かがみになり、タオルの端をつまんで持ち上げた。その途端、段ボール箱の中にいた生きたニワトリが、声高らかに鳴き始めた。箱からは羽が舞い上がり、エドゥアルドとマーク、そして半径五メートル以内にいた者たちに降り注いだ。彼らの前後の列にいる学生たちは、あっけにとられたような顔で見ていた。すぐに、近くにいた全員の注目を浴びることになった。皆、驚きながらも楽しんでいるという表情だ。

エドゥアルドは顔を真っ赤にして、急いでタオルをつかみ、再び箱にかぶせた。すると、ニワトリは段々と静かになった。エドゥアルドは、ステージの方を見下ろしたが、教授は構わずブリトン人やバイキングなど、過去のヨーロッパに生きた人々のことをだらだらと話し続けていた。スピーカーからの音があまりに大きかったために、彼は今の騒ぎに気づかなかったようだ。ありがたい。

「すごいな」マークは、にやにや笑いながら言った。「君の新しい友達、本当に気に入ったよ。君よりよっぽどしゃべりが上手だ」

エドゥアルドはマークの軽口には乗らず、「冗談じゃないよ」と小声で言った。「とんだ厄介者だよ。こいつのおかげでどれだけ苦労させられてるか」

マークはまだにやにやしていた。確かに客観的に見て、この状況はおかしい。このニワトリは、「フェニックス」入会の儀式（イニシエーション）のひとつだった。エドゥアルドは、ニワトリを常に抱え、どこへ行くにも連れて行かなくてはならない。昼も夜も、どの授業にも、ダイニングホールにも、寮の誰の部屋に行く時も。寝る時まで一緒だ。彼がやるべきことは、五日間そのニワトリを生かしておくことだけ、である。

それでも、一日目、二日目くらいまではうまくいっていた。ニワトリは機嫌良くしていてくれたし、教師も今日と同じように気づかなかった。小規模のゼミクラスは、風邪を引いたことにしてほとんどすべて欠席した。ダイニングホールや寮の部屋でもそれほど困ることはなかった。キャンパスの学生たちのほとんどは、ファイナルクラブのイニシエーションをよく知っていたからだ。彼の邪魔をするような人間はいなかった。彼の日常生活では教師以外「目上の人間」に会うことはまずないのだが、そうした人たちであっても見て見ぬふりをしてくれた。「ファイナルクラブ」に入るというのは大変なことであり、みんなそれを知っていたのだ。

だが、あと二日で終わり、という時になって事態は急に悪化した。

長い一日、授業を何とかやり過ごして、エリオットハウスの自分の部屋に帰って来た時に、最悪のことが起きた。エドゥアルドの部屋からしばらく廊下を歩いた先に、「ポーセリアンクラブ」のメンバーが二人いた。何度か見たことはあったのだが、交際範囲や行動範囲がまったく違うから、お互いにどういう人間なのかよくわかっていなかった。自分がニワトリを抱えているところを二人に見られた時にも、特に何も思わなかった。また、ニワトリに夕食の餌としてダイニングホールから持ってきたフライドチキンを与えていることも、あえて隠そうとはしなかった。

その二四時間後、大学新聞『ハーバード・クリムゾン』に暴露記事が出た。その夜、エドゥアルドがニワトリにフライドチキンを食べさせているのを目撃した二人は、偽名を使ったeメールを家禽保護連合会という動物保護団体に送ったのだ。差出人のアドレスが〝friendofthePorc@hotmail.com〟で、「ジェニファー」という署名の入ったそのメールは、「新メンバーにイニシエーションとして、生きたニワトリを虐待して殺すよう命じている」とフェニックスを非難する内容になっていた。家禽保護連合会は即座に、ラリー・サマーズ学長本人も含めたハーバードの上層部と連絡を取った。理事会による調査はすぐに始まった。フェニックスは「動物を虐待している」との批判から身を守らなくてはならない。無防備なニワトリに共食いをさせるというのも、虐待にあたる。

これがポーセリアンの学生による手の込んだ嫌がらせなのはエドゥアルドにもわかっていた。とはいえ、フェニックスにとって非常に頭の痛い問題なのは違いはない。幸い、フェニックスのリーダーたちは、今回の騒ぎの原因がエドゥアルドであることまでは突き止めていない。仮に突き止めたとしても、うまくすれば、この状況を面白がってくれる可能性はある。

もちろん、エドゥアルドは、ニワトリを虐待して殺せなどと命じられてはいない。そのまったく逆だ。彼は、ニワトリを健康に保ち、生かしておくように、と命じられたのだ。ニワトリにフライドチキンを食べさせたのは良くないことかもしれないが、ニワトリの餌が何か、など知っているわけがない。エドゥアルドは、マイアミのユダヤ人プレップスクールに通っていたのだが、良いガラスープがとれる、という以外にニワトリについては何も知らないのだ。

せっかく、イニシエーション期間も終わりに近づいていたというのに、この大騒動のおかげで暗雲が立ちこめてきた。あと何日かで、フェニックスの完全なメンバーになれるはずだったのだ。今回の件で追い出されるようなことがなければ、彼は間もなく、毎週末クラブに出入りするようになる。そうなれば、彼の人間関係は大きく変わることになるだろう。いや、もうすでに変わり始めているのだ。

エドゥアルドはマークの方に体を寄せた。手は箱を押さえたままだ。ニワトリは、まだ少し興奮状態にある。あと何分かはおとなしくしてくれるようになだめなくてはならない。

「また面倒が起きないうちに外へ出なくちゃ」彼は小声で言った。「とにかく、今晩、大丈夫か確認しようと思って」

マークは眉を上げた。それを見たエドゥアルドは笑顔でうなずいた。昨夜、彼はフェニックス主催のカクテルパーティーで一人の女の子に会ったのだ。名前はアンジー。華奢でかわいいアジア系の女の子だ。友達もいるという。エドゥアルドは、彼女に友達も連れて来るように頼んだ。そして、マークもいれて四人で「グラフトンストリートグリル」で会って飲もう、と約束したのだ。

一ヶ月前にはとても想像できなかった展開だ。

「名前は何て言ったっけ」マークは言った。「友達の方の名前だけど」

「モニカだよ」

「かわいいかな」

正直言って、エドゥアルドには、モニカがかわいいかどうか、まったくわからなかった。会ったことがないのだから当たり前だ。だが、彼は自分たちが二人とも選り好みができる立場ではない、と内心思っていた。女の子が自分たちのそばに来ること自体ほとんどなかったのだ。フェニックス入会がほぼ確定した今、エドゥアルド自身には女の子との接点ができた。彼は、こういう機会に必ずマークを連れて行こうと決めていた。マークはまだ、フェニックスに入るわけではないが、彼に女の子を一人、二人紹介することくらいはできるだろう。

マークは肩をすくめた。エドゥアルドは、箱をそっと持ち上げて立ち上がり、通路に向かって歩き出し、改めてマークの格好を見た。アディダスのサンダル、ジーンズ、大きなフードのフリース……いつもの格好だ。エドゥアルドはネクタイを整え、ダークブルーのブレザーの襟についたニワトリの羽を払った。ネクタイとブレザーは彼にとっては制服のようなものだ。投資会社との打ち合わせのある日などには、スーツを着ることもある。

「じゃあ、八時に来てくれよ」エドゥアルドは通路に出る直前にマークに念を押した。「あ、マーク、それと……」

「なに？」

「たまには気分を変えて、ちょっと良い格好したらどうかな？」

第五章　ハッキング

「大いなる財産の背後には、必ず大いなる犯罪がある」――そう言ったのはバルザックだが、彼がもし蘇って、二〇〇三年一〇月の終わりに、カークランドハウスの部屋に駆け込んできたマーク・ザッカーバーグの姿を見たら、自分の発言を修正したかもしれない。それは歴史的な夜だった。この夜が、間違いなく、現代史でも数少ない大富豪の誕生につながったのだ。だが、背後にあったのは、犯罪というにはあまりに軽微なもので、むしろ学生のちょっとした悪ふざけと言った方がいいようなものだった。

マークは質素で狭苦しい寮室に来て、コンピュータに直行した。彼はその時怒っていて、ビールをかなり飲んでいた。アディダスのサンダルに、フードのついたフリースという出で立ちはいつもと変わらない。彼がサンダル以外の履物を嫌っていることを、周囲の人間はよく知っていた。将来も、サンダル以外履かなくていい地位に就くぞ、と彼は堅く心に誓っていた。

マークはノートパソコンのキーボードを叩いていると、酔いの回った頭が徐々に冴え始めた。ハイスクール時代からそうなのだが、彼は口ではなく、手を使った方が自分の考えをはっきりと人に伝えることができた。相手が誰であっても、コンピュータの中の方が、外の世界よりも人間関係は明らかに円滑だった。液晶のスクリーンに向かい、思索にふける時が、彼にとって何より幸福な時だった。突き詰めれば、何もかもが思い通りになるから、ということかもしれない。確かに、コンピュータを使っている時は何もかもが彼の意のままだった。いや、きっとそれ以上だろう。彼とコンピュータとは何年も何年もつき合ううちに一種の「共生関係」になっていた。今や、もうキーボードを叩く指が彼そのもの、と言ってもよかった。時折、キーボード上だけが自分の居場所、と感じることもあった。

夜八時を少し過ぎたところだった。マークは明るく輝くスクリーンに見入っていた。キーボード上を迷いなく動く指。その時、彼は、まずブログを更新した。何日も前から頭の片隅にあって、徐々に育っていたアイデアをかたちにする、その第一歩だ。アイデアをかたちにすべく動き出すには、何かそのための「推進力」を生み出すきっかけのようなものが必要だが、この時は、彼が今晩感じた「苛立ち」や「落胆」がそれに当たる。彼はブログの新しい記事のタイトルを書いた。

ウェブサイト　Ｆａｃｅｍａｓｈ／製作記録

マークは自分の打ち込んだ文字をしばらく見つめていた。本当に、このまま続けるべきか迷っているようでもあったが、ビールをもう一杯飲むと、またキーボードに文字を打ち込み始めた。

午後八時一三分：○○○○はひどい女だ。どうにかして彼女のことは忘れなくては。そのためには、彼女の代わりに、僕の頭をいっぱいにするようなものが必要だ。どうすればいいか。簡単だ。良い考えがある。

自分を振った女の子を一方的に非難するのはフェアではない。それはマークも内心、わかっていた。ハイスクールでも大学でも、女の子が自分にとる態度は彼女と大差なかった。エドゥアルドも女の子にはもてないが、それでも自分よりはましだろう。しかも、彼は、フェニックスに入ろうとしている。だが今夜、マークも行動を起こそうとしていた。他人に振り回されず、自分が主導権を握ることができて、自分の力を皆に見せつけられる、そんなことを始めるつもりだった。

またビールを飲むと、マークはノートパソコンの隣に置かれたデスクトップパソコンに目を向けた。キーを叩くと、コンピュータは音を立てて動き出した。さらに簡単なキー操作で、彼はコンピュータを大学のネットワークにつないだ。

そして再びノートパソコンに戻ると、ブログの続きを書き始めた。

午後九時四八分：少し酔ってはいるが、決してウソは書かない。まだ一〇時にもなっていないな。火曜の夜か。それはまあどうでもいい。カークランドハウスの名鑑を今、開いて見ている。酷い写真があるなあ。

マークはにやにやしながら、画面いっぱいに表示された顔写真を一つ一つ見た。男子学生の中にも、そして数は少ないが女子学生の中にも何人かは知っている顔があった。だが、大半は見知らぬ人である。ダイニングホールや、授業に向かう道の途中などですれ違っている人たちのはずなのに。彼らの方も、マークのことをまったく知らないだろう。女子学生の中には、彼のことが目に入ってもあえて無視する子もいるに違いない。

中には、動物の写真と並べて、どっちが魅力的か、みんなに投票させてみたい、と思う顔もある。

作業を進めながら、彼は夕食や授業、飲み会などが終わって部屋に帰って来た友人たちと時々、意見交換した。そのほとんどは、いつもの通りeメールで行われた。マークの仲間は皆、電話をほとんど使わない。いつでもeメールで連絡を取る。エドゥアルドを除けば、仲間たち全員が、マークと同じくらいコンピュータにのめり込んでいた。ブログにはさらにこう書いた。

こんなのは大したアイデアでもないし、そんなに面白くもない。でも、ビリーから提案があった。名鑑から二人ずつ選び出して、写真を並べ、どっちが魅力的か投票してもらえばいいって。そして時々、動物の写真も混ぜる。なるほど！　それは名案だ。

マークのような学生にとって、本当に良いアイデアに思えた。カークランドハウス寮の名鑑は——というより、学校の名鑑は——学生たちの顔写真が載った一種のデータベースだが、どれも学校側が単に名前のアルファベット順に写真を並べただけのもので、そのままでは柔軟性、発展性がない。

ここ何日かマークの頭を支配していた考えが、いよいよ具体化しようとしていた。それは一つのサイトだった。マークにとって、数学が関わる部分つまりコンピュータサイエンスの本質に関わるような部分がウェブサイトを作る上で一番「クール」に感じられた。つまり、ウェブサイトの根本となるアイデアを現実化するプログラムを作る作業だ。彼にとってそれが何より面白い。ただ、コードを書けばいいというものではない。その前には正しいアルゴリズムの構築が重要になる。見事に作り上げれば、絶対に仲間たちが称賛してくれる。キャンパスにいるバカな女たちや野蛮な男たちには決して理解できないにしても。

午後一一時九分：よし、やってやろう。動物の写真をどう使えば、うまくはまるかは、まだわからないけれど（そもそも動物のことはよくわからないし……）、二人の写真を並べて比較するというアイデアは気に入っている。すごく「チューリング的」だし、ちょっと破壊的でもある。二人を比較しての評価は、ホットオアノット（hotornot.com）でやっているみたいに、写真を一枚ずつ見せて、「どのくらい魅力的か」を点数で表す、なんてやり方よりも、もっといろいろできるんじゃないだろうか。一つ問題なのは、たくさんの写真を集めなくてはいけないということだ。残念ながら、ハーバードには全学生を網羅した名鑑はない。各ハウスの年鑑を一つ一つあたって、写真を手に入れていかなくちゃいけない。だけど、それだと一年生の写真がまったく入らない……まったく、しょうがないなあ。

自分のやろうとしていることが、非常識なのはわかっていた。しかし、元々彼が常識の枠内に留まっていられたことなどないのだ。常識の枠内で生きるのは、エドゥアルドの生き方だ。ジャケットを着て、ネクタイを締めて、「ファイナルクラブ」に参加する。公園の砂場のような狭いエリアにいる人たちとだけうまくやる。だが、砂場の中は、マークの性には合わない。ずっとそうだった。彼は、どちらかと言うと、砂場の砂を全部外に出してしまうタイプである。

午前一二時五八分：では、ハッキング開始だ。まず確実に手に入るのがカークランドハウスの年鑑だ。Apacheの設定で、すべてオープンになっているし、インデックスも使える。あとはwgetさえ使えば、年鑑全体がダウンロードできる。簡単だ。

マークにとっては本当に簡単なことだった。ほんの数分で、カークランドハウスの年鑑の写真がすべて、大学のサーバから彼のノートパソコンにダウンロードされた。もちろん、それは写真を「盗んだ」ということになる。法的には、彼にその写真をダウンロードする権利はない。大学側も、学生にダウンロードさせるために公開していたわけではない。しかし、入手可能な状態で置かれているものを、手に入れていけないという法があるだろうか。こんなに簡単に手に入るようにしておいて、「手に入れちゃいけない」などと言うのだとしたら、それは大学当局の方が質《たち》が悪いのではないだろうか。

午前一時三分：次はエリオットハウスだ。こっちもオープンになっているけど、インデックスは使えない。でも、何もキーワードを指定しないで検索をすれば、データベース中の全写真が一ページに表示される。このページを保存すれば、ブラウザが勝手に写真も全部保存してくれる。いいぞ、順調だ……

ハッカーにとっては、まさに天国だった。ハーバードのコンピュータシステムに侵入することは、マークにとっては「子供の遊び」というくらい簡単だった。彼は、ハーバードがシステム構築のために雇った人間の誰よりも頭が切れた。つまり大学当局よりも、大学当局が取り入れたセキュリティシステムよりも賢かったのだ。マークにしてみれば、システムに欠陥があることを知らせて彼らを教育してやる、というくらいのつもりだった。彼らはおそらくそうは受け取らないだろうが、良いことをしている、と思っていた。ただし、マークが、自分のしていることを克明にブログに書くというのはどうなのか。新しいウェブサイトができれば、そのサイトからブログも見られるようにするつもりなのだ。それはちょっと常軌を逸している。やり過ぎだろう。

午前一時六分：ローウェルハウスは少しセキュリティ対策をしている。ユーザ名とパスワードを入力しないと年鑑が見られない。調べてみると、ユーザ名とパスワードを集めたデータベースというのはないとわかった。一人一人のパスワードを管理者は知らない、ということとか。このハウスでは、多分、学生一人一人に自分のパスワードの設定をするよう求めているわけではないのだろう。もっと別の方法を採っているはずだ。実はユーザ名とパスワードは一つずつあるだけで、それをローウェルハウスの人間全員が知っている、ということかもしれない。ただ、それだと少し管理が難しくなってしまう。ハウスの住人が増える度に、逐

一、ユーザ名とパスワードを知らせなくてはならない。勝手に推測しろというわけにはいかないので、一人一人にはっきりと教えるしかない。そうなると、認証の意味があまりなくなってしまうので、そのやり方は採っていないのではないか。とすれば、学生全員が持っていて、しかも、管理者にもわかる、そういうものを使っている可能性が高い。学生ＩＤはどうだろう。やっぱりそのとおりだった。自分の名前と学生ＩＤを入力してみたら、入れた。でも、問題は他にもある。写真が何ページにも分かれて載せられている。各ページに順にアクセスして、保存していく、なんて面倒なことは、僕みたいな怠け者にはできない。Perl のスクリプトを書いて自動化するのがいいだろう。それしかないな。

ハッキングのテクニックとしては、ごく初歩的なものばかりだ。だが、まるでどこかの洞窟でナチスの暗号を解読しているような気分でもあった。マークのコンピュータは、やがて顔写真でいっぱいになった。すぐに半分のハウスのデータベースから、全住人の顔写真が入手できた。キャンパス中の女の子たち——ただし一年生は除く——の写真が彼のノートパソコンの中にあり、彼の支配下にある。かわいい子も、そうでもない子も、ブロンドも、ブルネットも赤毛も、胸の大きい子も小さい子も、背の高い子も低い子も、とにかく全員の写真があるのだ。これは面白いことになりそうだ。

午前一時三一分：アダムズはセキュリティ対策をしていないけれど、一ページに二〇人分までしか表示されないように制限をかけてある。ローウェルハウスに使ったのと同じようなスクリプトを作ればいいだろう。まあ、問題はない。

マークは、ハウス一つ一つの名鑑にアクセスし、アルファベット順に並べられた学生のデータを次々に集めていった。

午前一時四二分：クィンシーハウスには、オンラインの名鑑がない。ひどいな。これはどうしようもない。

午前一時四三分：ダンスターハウスは大変だ。パブリックディレクトリがないってだけじゃなくて、ディレクトリそのものがまったくない。検索をかけないといけないけど、検索結果が二〇件を超えたら、何も表示されない。たとえ検索結果が表示されても、表示される画像に、ファイルへのリンクがない。リダイレクトか何かをするＰＨＰスクリプトへのリンクがあるだけ。妙な作りだ。これはちょっと面倒だ。後回しにしよう。

すぐに攻略できないハウスがあっても、後で攻略してしまうだろう。マークには超えられない壁などない。ハーバードは大学としては世界の最高峰だが、そのシステムは、マーク・ザッカーバーグと彼のコンピュータにとっては、敵にすらならなかった。

午前一時五二分：レベレットハウスはちょっとましだ。検索しなくちゃいけないのは同じだが、キーワードなしの検索をかければ、全学生の写真が見られるし、どれにもファイルへのリンクがつけられている。ただし、一度に一人分の写真しか表示できないのは、少しいらいらする。順に五〇〇ページも表示して、写真をダウンロードするわけにもいかない。Perlスクリプトを書き直すしかないだろう。ディレクトリを逐一調べ、どのページに行けばリンクがあるかを、正規表現で探せばいい。あとはリンクの見つかったページの一つ一つに行って、画像データを抜き出す。スクリプトは何回かコンパイルすればできるだろう……ビールをもう一杯飲むか。

マークの目は完全に覚め、作業に没頭していた。今が何時なのかは関係なかった。どんなに夜遅くなっても関係ない。マークのような人間にとって、時間というのは、「アルファベット順」などと同じように、単なる「体制側」の武器に過ぎないのだ。「ハッカー」と呼ばれる優れたエンジニアたちは、普通の人間のように、時間の制約に縛られて動くようなことはしない。

午前二時八分：メイザーハウスは基本的にはレベレットハウスと同じ。違うと言えば、ディレクトリがいくつかのクラスに分かれていることくらい。当然、ここの年鑑にも一年生の写真はない……どうしようもないな。

作業はさらに続き、夜はどんどん更けていった。「できることはすべてやった」というところまで進んだ時には、もう朝の四時だった。ハウスのデータベースからダウンロードした写真は数千枚にも及んでいた。インターネット経由でデータベースにアクセスできないハウスもいくつかあったが、それは、このジェームズ・ボンドの隠れ家のような彼の部屋からではどうしてもアクセス不能なものだろう。おそらく、ハウス内部のＩＰアドレスを取得しなければ、アクセスできないのだ。だが、その場合にどうしたらいいかもマークにはわかっていた。ちょっと「足」を使えばいいだけだ。ほんの何日かあれば、必要なものはすべて手に入るだろう。

データがすべて手に入れば、次に必要なのはアルゴリズムである。ウェブサイトをうまく機能させるには、複雑なアルゴリズムを構築しなくてはならない。アルゴリズムができたら、次はプログラムを書く。それは一日、長くても二日もあればできる。

マークは新しいサイトをフェイスマッシュ・ドットコム（Facemash.com）と名づけることにした。素晴らしいサイトになるだろう。

多分、ハーバード当局は、他の大学にも拡張し得るこのベンチャーの価値（特に、美人にとっては大きな価値があると思う）を理解せず、法律を根拠に非難するだろう。しかし、一つ確かなことは、今回、このサイトを作ったのがたまたま僕だった、ということだけだ。僕が作らなくても、いずれ誰かが同じようなものを作っただろう……

マークは、にやにや笑いながら最後のビールを飲み干し、サイト訪問者に向けた挨拶文を打ち込んだ。サイトの運用が開始されれば、皆が最初に訪れるはずのページに表示する挨拶文である。

私たちは顔で選ばれて入学したわけではありませんね。では、改めて顔を見て、良いか悪いか判定してみましょう。

さあ、これから面白くなるぞ。

第六章　寮への侵入

マークは、フェイスマッシュと名づけた新サイトを作る過程で自分が何を考えたかを、自らのブログに克明に書いていた。その内容を見れば、一定以上の知識を持つハッカーであれば次に起きることはおおよそ推測できる。書かれていること以外にも色々と事情はあったかもしれないが、マークがハッキングに苦労したハウスがいくつかあったことは、おそらく間違いない。その後、何か対策を講じて必要なデータを手に入れたはずなのだが、正確にどういうことをしたのか、詳しいことまではわからない。だが、おおまかにどういうことが行われたのか想像することはできる。

場所はハーバードの寮。真夜中だ。青年が一人。彼には、コンピュータのセキュリティについて豊富な知識がある。たとえシステムに何かセキュリティ対策がしてあっても、それをかいくぐる方法をよく知っている。大学のキャンパスには、若い男女が多く集まるだけに色々なことがあるが、彼はその中に入れずにいた。入りたいとは思っていただろう。だからこんな行動をとったのかもしれない。あるいは、単に自分の力を証明したかったのかもしれない。自分は他の誰よりも頭がいいのだと皆にわからせたかったのだろうか。

青年は暗闇で身をかがめていた。ビロードのソファの後ろで丸くなり、四つんばいの姿勢になっていた。彼の手、そしてサンダルの下には高級そうな深紅のカーペットが見えるが、あとはほぼ闇である。六メートル四方くらいの真っ暗な部屋。しかし、よく見ると人影らしきものがあるのがわかる。

彼は一人ではなかった。あと二人いるようだ。多分、男と女だ。二人は、青年からは遠い壁のそば、ハウスの中庭を見下ろす窓と窓のちょうど間にいた。ソファの後ろにいた彼には、二年生なのか三年生なのか四年生なのかわからない。しかし、彼らが不法にここに入り込んだのは確かだ――彼自身と同様に。三階の応接室自体は、明確に立ち入り禁止場所とされているわけではないが、入るには普通、鍵がいる。彼も鍵は持っていなかったが、うまくタイミングを見計らったのだ。ドアの外の踊り場で待っていて、清掃員がカーペットと窓の掃除を終え、道具をまとめて出てくるのと入れ替わりに中へ入った。ドアの枠のところに本をはさみ、閉まらないようにして。

つまり、他の二人はちょうどいいところにやって来ただけだ。ドアが開いていたから、好奇心に駆られて中に入ったのだろう。きっと、彼がソファの後ろで身をかがめたすぐあとだ。カップルは彼には気づかなかった。別のことを考えていたからだ。

男は、女を壁にもたれさせ、革のジャケットの前を開け、トレーナーを鎖骨のあたりまでめくりあげた。そして女の、剥き出しになった平らな腹に触れ、手を徐々に上に移動させ、首の横側に自分の唇をあてた。女はされるがままになるように見えた――が、ありがたいことに、なぜか急に気が変わったようだ。その一秒後くらいに、男を押しのけ、笑い声をあげた。

女は男の手を取り、ドアの方へ引っ張って行った。ソファのすぐ脇を通り過ぎた。しかし、二人とも彼の方は見なかった。出口まで来ると女は、開いているドアを押してさらに広く開けようとした。男は女の腰に手を回し、半ば抱えるようにして廊下に押し出した。ドアは本が枠にはさまったまま揺れた。もし、本が滑り落ちてしまったら、一晩中、閉じ込められてしまうことになる、と心配したのだが、ありがたいことに本は落ちず、その場に留まった。彼はようやく一人になった。残ったのは暗闇だけだ。

ソファの後ろからそっと出て、彼は仕事を再開した。膝を少し曲げて、部屋の端をうろうろと歩き、暗い壁を見ていく。特にモールディング〔継ぎ目を覆ったり装飾を施したりする目的で使われる細い建材〕のあたりは注意深く見た。数分かかって目当てのものを見つけ出すと、にやりと笑い、左の肩から提げた小さなバックパックに手を伸ばした。

彼は膝をついて座ると、バックパックを開け、指で中を探ってソニーの小型ノートパソコンを見つけ、引っ張り出した。そのノートパソコンには、すでにイーサネットケーブルが接続されていて、振り子のように揺れていた。パソコンを立ち上げると、彼は慣れた手つきでケーブルの端をつかむと、漆喰のモールディングの一〇センチ上あたりにあるポートに差し込んだ。

コンピュータのキーボードを素早く叩くと、彼は、数時間前に書いたプログラムを実行した。スクリーンの光が、そのスクリーンを見つめる彼の顔を照らしている。ケーブルを伝って、小さなパケットに分けられた電子情報が次々にコンピュータに吸い込まれていく。それは、建物に宿る魂を吸い取っているような、あるいはエネルギーの波動を少しずつ受け取っているような、そんな時間だったかもしれない。

大量のデータを食べるコンピュータから聞こえるファン音以外、何も聞こえない中、何秒間かが過ぎた。彼は時折、後ろを振り返って、部屋に誰もいないことを確かめた。心臓の鼓動は早くなり、汗が小川のように背中のくぼみを流れ落ちていた。こういうことをするのは初めてではないはずなのだが、アドレナリンが出るのはいつも同じだ。ちょっとジェームズ・ボンドにでもなったような気分。心のどこかに、自分は今、良からぬこと、おそらく法に触れることをしている、という思いがあるのだ。少なくとも大学の規則には反しているだろう。とはいえ、一級殺人のような重い罪ではないし、この程度のハッキングならば、万引きほどの罪にもならない。

彼は銀行から金を盗んでいるわけではないし、国防省のウェブサイトをハッキングしているわけでもない。電力会社の送電系統に攻撃を仕掛けているわけでもなければ、前の彼女のｅメール履歴を盗み見ているわけでもない。彼のハッカーとしての高い能力を考えれば、これくらいは、ほとんど何もしていないに等しい。

ハウスのデータベースからちょっと学生の写真を拝借している、ただそれだけだ。いや、ちょっと、というのは正確ではない。写真を全部、手に入れようというわけだから。非公開のデータベースだし、本当はパスワードを入力してアクセスするものなのだが。それに、パスワードだけじゃなくて、この建物の中のＩＰアドレスもいるのだろう。だから、まあ、やはり「無実」というわけではないだろう。それはわかっている。だからって死刑に値するような重大な犯罪ではない。それに、これ自体は少し悪いことでも、「大義」のためにするのだから、補って余りあるのではないか。

あと数分で作業は完了だ。「大義」とは何か。それは「情報の自由」と呼ばれるものだろう。彼の道徳のなかでも、重要な位置を占める大義だ。この道徳観は、ハッカーの「壁があれば、それを倒す方法、または乗り越える方法を探す」「柵があれば破って進む」という信条の延長線上にある。壁を築く者たち、つまり「体制側の人間」は、ハッカーにとっては悪い奴らなのだ。彼は善人であり、善のために闘っているのである。

情報は共有されるためにある。

画像は見られるためにある。

間もなく、コンピュータから「ビー」という小さな音が聞こえた。作業は終わった。彼は壁のポートからイーサネットケーブルを抜いて、コンピュータをバックパックにしまった。このハウスは片づいた。あと二つだ。バックパックを左肩に提げると、ドアの方へと急いだ。ドア枠にはさんだ本を抜き取り、応接室から出て、後ろ手にドアを閉めた。その時、彼は、さっきの女が残していった花のような香水の匂い、誘惑的な匂いがまだ漂っているのに気づいたかもしれない。

第七章　予想外の反響

　マークが自分のやっていることの意味を本当に理解したのは、それから丸三日たってからだった。最初の夜はべろんべろんに酔っぱらって、結局、最後は眠ってしまってしばらく目覚めなかった。だが、その後、彼は普段どおりの生活を続けながら目的を達成した。コンピュータサイエンスの授業にも普通に出ていたし、コア科目の授業にも出た。エドゥアルドや他の友達と、ダイニングホールでしゃべったりもした。後になって、マークはこの時のことを大学新聞の記者に話しているが、彼は別にフェイスマッシュというサイトのことで頭がいっぱい、というわけでもなかったのだ。ただ、いったん始めた仕事だから最後までやろうと思っていただけだ。数学の問題を解くようなもので、そこに問題があるから解く、という感じだった。そして本当に彼はやり遂げた。作業を完了した二時間後に、彼は何人かの友人にメールを出し、感想を求めている。意見や批判、称賛の声など、きっと反応は色々だろう。メールを出すと、クラスメートに会うために外に出たが、その外出が、思っていたよりも長引いた。

　カークランドハウス寮の部屋に戻って来た彼は、バックパックを下ろして、メールのチェックをしたら、すぐにダイニングホールに向かおうと考えていた。だが、寝室に入った途端、机の上で電源が入ったままになっていたノートパソコンに目が向いた。

驚いたことに、コンピュータがフリーズしていたのだ。画面が固まって動かない。

彼は徐々に事態を飲み込み始めた。ノートパソコンの電源を入れたままにしておいたのは、新サイト、フェイスマッシュのサーバとして使っていたためだ。だが、固まってしまうというのはよくわからない。そんなことはあり得ないはずだ。あり得るとしたら——。

「何だ、これ」

外出前に出した友人へのメールには、フェイスマッシュへのリンクをつけておいた。どうやら、メールを受け取った友人たちがさらに他の友人にメールを転送したらしい。どこかの時点から、転送先の数が急激に増えたようだ。追跡できる限りでは、一〇あまりのメーリングリストに転送されていることがわかった。その中には、学生団体のメーリングリストもある。政治学研究所の関係者全員に送った者もいる。関係者は百人以上になる。「フエルザ・ラティナ」にも転送された。ラテン系女性に関わる問題に対処するための団体だ。そこからさらに、「ハーバード黒人女性協会」にも転送された。大学新聞『ハーバード・クリムゾン』にも送られたようだ。ハウスの掲示板のいくつかにリンクも張られたらしい。

フェイスマッシュは瞬く間に学内中に知れ渡っていた。アクセスすると、学部生の女の子二人の写真が表示され、「どっちが魅力的か」を投票できる。投票結果を基に複雑な計算が行われ、キャンパスで一番魅力的な女の子が決まる。そんなウェブサイトの噂がキャンパス内にウイルスのように広まったのだ。

二時間足らずのうちに、サイトには、二万二〇〇〇もの票が集まっていた。直近の三〇分間だけでも、四百人もがサイトを訪れていた。

これはまずい。こんなに急激に広まるとは想像していなかった。後の話によれば、マークはこの時点では少し他人の意見を聞きたかっただけのようだ。その意見を受けて修正を加える予定だった。写真をダウンロードしたことを適法と考えていいかどうかも確かめたかった。場合によっては、本格的な運用はしないことも考えていたのだ。しかし、もう遅すぎる。インターネットというのはそういうものだ。

インターネット上で何かをするということは、ペンで字を書くようなものだ。いったん何かをしたら、もう、鉛筆で書いた字のように消すことはできないのだ。

フェイスマッシュはもう動き出してしまった。もう後戻りはできない。

後戻りができないので、マークはせめて前に進むことにした。デスクトップパソコンのキーを叩き、パスワードを入力して、自分の書いたプログラムにログインした。たった数分で、彼はウェブサイトの運用を停止し、閉鎖してしまった。ノートパソコンの画面が真っ白になったのを見て、彼は椅子の上で崩れ落ちた。指が震えていた。

マークは、今、自分が大変な窮地に追い込まれていると感じていた。

第八章　エリートたちの思惑

外から見ると、四階建てのヒルズ図書館の建物は、大学図書館というより、不時着した宇宙船のように見える。突き出た石とセメントの柱、ガラスとスチールのファサード。クァド全体がそうなのだが、特に図書館は、キャンパスの中でも、最も新しい部類に属する建物である。ハーバードヤードからは距離も離れているが、建物も、ツタに覆われ古い歴史を感じさせる「ヤード」のものとは大きく異なっている。それだけに、幅広く何でも受け入れそうに見えるのだ。その未来的な外観、設計は、ハーバードというより、むしろ、すぐそばのマサチューセッツ工科大学（MIT）のキャンパスに似つかわしいかもしれない。

タイラーは、その「宇宙船」の三階の奥、一番隅の席にこもっていた。一九五センチの大きな体で窮屈そうに椅子に座り、机に向かう。机も椅子もアールデコ調なのだが、彼が使うとまるで拷問器具のようにも見える。彼がわざわざそんな窮屈な机と椅子を選んだのは、トレーニングの後に眠ってしまわないようにするためだった。

月曜日の朝、まだ七時にもならない時間である。机の上には、大きな経済学のテキストが置かれ、その隣には、すぐ近くのプフォルツハイマーハウスのダイニングホールから持ってきた、鮮やかな赤のトレイが置かれていた。経済学の授業が始まるまで、あと一時間もない。しかし、今彼は、ボローニャサンドウィッチを食べるためだけに起きていた。食べるのに集中していて、彼は、ディヴャが後ろから近づいてくるのにまったく気づかなかった。

まさに、どこからともなく、ディヴャは現れ、タイラーの肩越しに手を伸ばして、大学新聞『ハーバード・クリムゾン』をトレイに叩きつけた。そのはずみで、ボローニャサンドウィッチの残りが床に落ちていった。

「『ハーバード・クリムゾン』なんか見ていてもプログラマーは見つからないって言ったよな?」ディヴャはいきなり、叫ぶようにそう言った。タイラーはディヴャを睨《にら》みつけた。

「何がどうしたって言うんだ?」

「サンドウィッチ、悪かったな。でも、ちょっと見出しを見てくれよ」

タイラーは、新聞を手に取り、トレイに置かれた時についたケチャップを手で払いのけた。そして、もう一度、ディヴャの方を見てから、彼の指差す記事に目をやった。目を見出しから本文に移し、最初のパラグラフをざっと読んだところで、眉がつり上がった。

「うん、確かにこれはすごい」彼はうなずいた。

それを聞いてディヴャもうなずき、にやりと笑った。タイラーは椅子の背にもたれ、首を伸ばして、部屋全体を見回した。キャメロンの長い脚が、タイラーが使っているのとまったく同じ机の下から伸びているのが見えた。三メートルは離れていないだろう。

「キャメロン、起きろ！　ちょっとこっち へ来てみろよ」

近くにいた何人かの学生が顔を上げた。だが、声を出したのがタイラーだとわかると、すぐにまた下を向いて勉強に戻った。キャメロンは窮屈な机と椅子から抜け出すのにしばらくかかったが、やがてゆっくりと歩いて来て、ディヴャの隣に座った。後頭部の髪がはねている。目はうつろで充血している。今日は川の風が非常に強く、朝のトレーニングが特に過酷だったのだ。だが、タイラーは疲れなど吹っ飛んでいた。ディヴャの見せた記事のせいだ。

タイラーはキャメロンに新聞を渡した。キャメロンは記事を見て、うなずいた。

「ああ、これだったら、ポーセリアンで話してる奴がいたよ。サム・ケンジントンが怒ってた。奴の彼女のジェニー・テイラーが、このサイトで三位になったんだって。それから、そのルームメイトのケリーが二位で――」

「そして、もう一人のルームメイトのジニーが一位ってわけだ」ディヴャが割り込んだ。「まあ、別に誰も驚かないけど」

タイラーは思わず笑ってしまった。ジェニー、ケリー、ジニーの三人は、二年生では誰が見ても、美人ベストスリーだ。三人は、一年生の時もルームメイトだった。誰と誰がルームメイトになるかは無作為に決められることになっているはずなのだが、誰も、そんなことは信じていなかった――特に、一年生の時、彼女たちの寮室に、下五桁が〝3-FUCK〟になる電話番号が割り当てられてからは、偶然だと思う者はいなくなった。ハーバードの寮の管理事務所は、そういう妙な悪ふざけをするので有名だった。類似した名前の学生が同室にされるということも多かった。タイラーが一年生の時には、「バーガー」という学生と「フライズ」という学生が同室になっていたし、それから「ブラック」と「ホワイト」という組み合わせの部屋が少なくとも二つあった。そして、キャンパスでベストスリーのブロンド美女、ジェニー、ケリー、ジニーが同室で、しかも電話番号は〝3－FUCK〟というわけだ。おそらく誰かクビにした方がいいのでは、と思われる。

ただし、その日、『ハーバード・クリムゾン』に取り上げられていたのは、寮の管理事務所のことではなかった。三人のブロンド美女が、あるウェブサイトでランクづけされていたというのだ。

クリムゾンによれば、それは、フェイスマッシュというサイトだという。ホットオアノットと少し似ていて、女の子の写真が表示され、それを見て魅力的かどうか評価できる。そのサイトが、キャンパスに騒ぎを巻き起こしているのだという。

「でも、すぐに閉鎖されてしまったって」ディヴャはクリムゾンを指差しながら話を続けた。「サイトを作った奴自身がすぐに閉めてしまったんだ。作った時には、みんながこんなに怒るとは思わなかったらしい。まあ、ブログには、女の子を動物と比較するとかどうとか、書いてたみたいだけど」

タイラーは椅子の上で身をそらせた。

「誰が怒ってるんだ?」

「そりゃ女の子だよ。怒ってる子が無茶苦茶多い。キャンパスのフェミニストグループから苦情の手紙がたくさん送られたらしいし。あと、大学も怒ってる。あんまりそのサイトにアクセスが殺到しすぎて、キャンパスの回線がパンクしたんだ。eメールが使えなくなった教授もいた。大混乱だよ」

タイラーは小さく口笛を吹いた。

「すげえ」

「確かにすげえよ。二〇分間で二万ヒットだって。作った奴は、相当やばい状況みたいだよ。ハウスのデータベースから写真を盗み出したって話だから。ハッキングして、全部ダウンロードしてしまったんだな。そいつと、何人かの仲間が、理事会に呼ばれるらしい」

タイラーは、ハーバードの理事会がどういうものだか、よく知っていた。理事会の懲罰組織は、普通、学部長や、スチューデントアドバイザーなどで構成され、時には大学の弁護士や、上層部の役員が自ら参加することもある。ポーセリアンに、歴史の試験でカンニングをしたということで、告発された友人がいるのだ。その友人は、学部長やシニアチューターの前に引っ張り出される羽目になった。理事会の力は強大だ。学生を停学にすることもできるし、除籍させることもできる。

だが、今回の場合、そう重い処罰が下されることはないのではないか、とタイラーは思った。

フェイスマッシュを作った学生は、少し謹慎するくらいで済むような気がした。それでも、彼の名誉に少し傷がつくことは確かだ。キャンパスの女の子たちは、間違いなく、彼を良く思わない。しかし、話を聞く限り、彼はどうやら、いわゆる「遊び人」ではないらしい。動物と女の子を比較する、などということは、頻繁に女の子と寝ているような人間は絶対に思いつかないようなことだ。

「でも、こいつ、こういうの作るの初めてってわけじゃないんだね」キャメロンが記事を読みながら言った。「前に『コースマッチ』っていうのを作った奴なんだ。そういや、あったよね。自分と同じ授業を取ってるのが誰かわかるっていうの。高校時代から、すごいハッカーって評判だったみたいだ」

タイラーは、自分の体の中にエネルギーが湧いてくるのを感じていた。今、聞いた話のすべてが気に入ってしまった。彼は、ウェブサイトを一つ作っただけで、皆を大混乱に陥れたのだ。優秀なプログラマなのは明らかだし、きっと自由な考えの持ち主に違いない。彼こそが自分たちの探し求めていた人間なのではないか。

「とにかく話をしてみよう」

ディヴャはうなずいた。

「もうヴィクターには電話したんだ。コンピュータサイエンスの授業で時々、一緒になることがあるらしい。ただ、ちょっと変な奴だからそのつもりでいた方がいいって教えてくれた」

「変ってどんなふうに?」キャメロンはきいた。

「何ていうか、ちょっと引きこもり気味ってことらしい」

タイラーはキャメロンの方を見た。二人とも、ディヴャが何を言いたいかよくわかった。「引きこもり」というのは、言葉が適切ではないだろう。人づき合いが極端に下手、というのが多分、一番正確だ。ハーバードには、そういう学生が少なからずいた。ハーバードに入るには、普通、成績はずっとオールA、スポーツをやっても代表チームのキャプテンを務める、という具合に、完全にバランスのとれた万能人間でなくてはいけない。あるいは、そうでなければ、一つのことにとんでもなく秀でている必要がある。世界中にかなう人間がいないくらいに。たとえば、ヴァイオリンの世界的奏者であるとか、大きな賞を取ったことのある詩人であるとか。

タイラーは、自分たち兄弟を、バランスの取れた万能人間だと思いたかった——だが、自分に嘘をつくことはできなかった。自分たちが実は一つのことに秀でている方のタイプである、ということをタイラーはわかっていた。ボート選手としてとんでもなく秀でていたということだ。きっと彼も、コンピュータに関して、誰にもかなわないくらい秀でているのだろう。とても、スポーツの代表チームでキャプテンを務めるようなタイプとは思えない。

「そいつの名前は?」タイラーはきいた。すでに気持ちはかなり傾いていた。

「マーク・ザッカーバーグだよ」ディヴャは答えた。

「メールを送ってみよう」タイラーは『ハーバード・クリムゾン』を軽く叩きながら決意したように言った。

「まずは、このザッカーバーグって奴が、歴史に名を刻みたいと思うかどうか、様子を見てみよう」

第九章　勧誘

　午前一一時の明るい光の中、ワイドナー記念図書館の階段からハーバードヤードを見ると、この景色は三百年間、ずっと変わっていないのではないかと思えてくる。手入れの行き届いた芝生の間を、曲がりくねった細い並木道が通る。レンガと石で造られ、ツタに覆われた古い建物。複雑にねじれたツタは、まるで、歳を重ねた建物の皮膚に走る血管のようにも見える。石の階段の一番上にいるエドゥアルドからは、遠くに、記念教会の先端までは見えるが、それより遠くは見えない。現代的なサイエンスセンターの建物や、一年生が入るキャナデイ寮の箱型の建物は見えないのだ。その眺めには何世紀もの時を経てきた重みがあった。

　今、エドゥアルドの隣には、妙な事情で苦しんでいる男がいる。

　エドゥアルドは、隣に脚を組んで座っているマークを見た。図書館の長くて太い柱の影が射している。大きな石造りの屋根を支える柱だ。

　マークはスーツを着て、ネクタイも締めていた。そんな格好だとやはり彼は落ち着かないようだ。ただ、落ち着かないのは服装のせいだけでないことは、エドゥアルドにはよくわかっていた。

「何だか嫌な気分だな」エドゥアルドはそう言って、またハーバードヤードに目を移した。

　一年生らしき女の子が二人、並木道を走って行く。二人とも同じ、大学のカラーである「クリムゾンレッド」のスカーフをしている。一人は、長く伸びた滑らかな首筋を見せびらかすように、髪を後ろで束ねていた。

「内視鏡検査を受けた後ってこんな感じかなって思うよ」マークは答えた。

マークも、女の子たちが走って行くのを見ていた。彼もやはりエドゥアルドと同じことを考えていたのだろう。あの子たちも、フェイスマッシュのことは知っているに違いない。『ハーバード・クリムゾン』で読んだかもしれないし、大学のオンライン掲示板か何かで見たかもしれない。ちょうど一時間前、マークが大学の懲罰委員の前に座らされ、釈明を求められたことも知っているかもしれない。そこには、学部長が三人もいて、もちろん、コンピュータセキュリティの専門家も複数いた。そんなところで、彼は、自分がはからずも招いてしまった混乱について、何度も何度も謝罪をさせられたのだ。

面白いのは——大学側にとっては面白くも何ともないだろうが——どうして皆がそんなに怒っているのか、マークがよく理解していないことだった。彼が大学のコンピュータのハッキングをして、無断で写真をダウンロードしたのは確かだ。それが良いことでなかったということは彼にもわかっていた。それについては彼も心から謝罪した。しかし、学内のいくつもの女性団体が彼に対して怒りを露わにしたことに、彼は戸惑っていた。女性団体だけではない。女の子たち個人も怒っていた。彼のもとには、彼女たちや、時にはその恋人たちから大量のメールが送られ、怒りを伝えてきていた。ダイニングホールでも、教室でも、図書館でも、どこに行っても怒りが向けられるのだ。

懲罰委員たちの前で、彼は、ハッキングに関しては素直に自分の非を認めた。しかし同時に、自分の行為によって大学のコンピュータシステムに深刻なセキュリティ上の欠陥があることが明らかになった、ということも指摘した。その意味では、自分のやったことに良い面もあるはずと主張し、欠陥の修正のためなら、自分は喜んで力を貸す、とも言った。

またマークは、影響があまりに広範囲に及んだことに気づいてサイトを自分自身の手で閉鎖したことも強調した。フェイスマッシュは、決して学内中に存在を広めることを意図して立ち上げたサイトではなく、いわばベータ版が間違って広く世に出回ってしまったようなものだと言った。バカげたことをしたとは思うが、何か悪意があったわけではない、ということも伝えた。

マークの「社会性のなさ」が、逆に救うことになるかもしれない。それから、彼が世間の反応に困惑していることも、彼にとって有利になりそうだった。その場にいた委員たちは彼を見つめ、長々と続く小難しい話に耳を傾けながら、「どうやらこいつは悪人ではなさそうだ」と思い始めていた。ただ、考え方が他の学生たちとは違っているだけなのだ。女の子たちが怒ったのは、自分の外見が格付けされたから――マークはその点を理解していなかった。本当はマークだけでなく、エドゥアルドや世界中のどこの大学生だって皆、クラスの女子生徒を外見で格付けしたことが一度はあるはずだ。それは、生徒を一か所に集めて教育をするということが始まった時からずっと行われてきたことだろう。そうやって順位を決めたがるのは、人間の持つ自然の性質なのだ。傍目には、そんなことをマークが自覚しているようには見えなかった。彼が普段関わっている「ギーク」たちとの会話で、そんなことが話題にのぼることもまずなかった。第一、ごく普通の人間との交流もほとんどなかったのだ。女の子を動物と比較するなどということをすれば、普通の人間は当然怒るのだが、彼らの間にそういう発想はないのだ。

マークは実際、大勢の人たちを怒らせてしまったが、委員たちの心証はあまり悪くならず、結局、フェイスマッシュの件で、彼を停学や退学にすることはないという決定が下された。彼に下された処分は、簡単に言えば「保護観察」ということになるが、要するに「今後二年間、面倒を起こさずに過ごせよ、さもなければ大変なことになるぞ」と言われたにすぎない。「大変なこと」の具体的な内容は明らかにされていないが、ともかく、今回のところは軽い注意くらいで済んだ、ということだ。

こうしてマークは、学歴という面ではほとんど傷を負うことなく、騒動を切り抜けることができた。ただし、キャンパス内で立った悪評はそう簡単には消えない。ただでさえ恋人を作るのが難しかったのに、今は以前よりさらに難しくなってしまった。

マーク・ザッカーバーグという名前は元々、かなり知られていたのだ。それに加え、大学新聞に出たことで、彼の名前は皆にもっとに知れ渡ることになってしまった。新聞では、最初の記事が出た後に、問題のウェブサイト「フェイスマッシュ」の人気ぶりについて分析した論説まで載せていた。その論説では、サイトのアクセス数が非常に多かったことに触れ、その数字が、この種の「オンライン写真共有コミュニティ」に対する関心がいかに高いかを示すのでは、と書いている。フェイスマッシュには拒否反応も多かったので、そのままでは駄目だろうが、マークは少なくとも一石を投じたと言えるのかもしれない、それには意味があるのではないか、という意見も述べられていた。

女の子たちが見えなくなると、マークは、ズボンの後ろポケットに手を伸ばし、折り畳んだ紙を取り出し、エドゥアルドの方を向いた。

「見せたいものがあるんだ。これ、どう思う？」

マークは紙を手渡した。エドゥアルドは受け取った紙を広げた。それは、eメールをプリントアウトしたものだった。マーク宛のメールだ。

やあ、マーク。君のアドレス、友達から聞いたよ。ウェブデベロッパーが必要なんだ。PHPとかSQL、それからできればJavaのスキルもあった方が嬉しい。僕らは、あるサイトの開発に本気で取り組んでいる。君にも是非参加して欲しい。キャンパスに大波を起こせるサイトだと思うんだ。僕の携帯に電話をくれてもいいし、いつなら電話してもいいかメールで知らせてくれてもいい。まずは今、開発を担当しているプログラマーと会ってもらいたい。参加してくれればきっと得るものは多いと思う。特に、君が起業家精神に富む人間なのだとしたら、有益なはずだ。詳しいことは、君からの返答を待って話すよ。じゃあ。

メールの差出人は、「ディヴャ・ナレンドラ」となっていた。マークと同時に、「CC」で、タイラー・ウィンクルボスという人物にも送られている。エドゥアルドはメールを二回読み、内容を飲み込んだ。何か秘密のウェブサイトを立ち上げようと動いている連中らしい。どんなものを作ろうとしているのかはわからないが、とにかくマークのことを『ハーバード・クリムゾン』で読んだか、フェイスマッシュを見たかして、役に立ちそうだと思ったのだろう。彼らがマークという人間を知っているわけではないことは明らかだった。マークの名が急に売れ出したのを見て、その評判に飛びついているだけだ。

「この連中、誰だか知っている?」マークは尋ねた。

「ディヴャっていうのは知らないけど、ウィンクルボス兄弟は有名だよ。四年生で、クァドに住んでる。ボート選手だ」

マークはうなずいた。もちろん、彼もウィンクルボス兄弟は知っていた。面識があるわけではないけれど、嫌でも覚えてしまう。一九五センチもある双子の兄弟なんて、目に入らない方がおかしい。エドゥアルドもマークも、これまで兄弟とはまったく接点がなかった。行動範囲がまったく違っているのだ。タイラーとキャメロンはポーセリアンのメンバーだ。そして二人ともスポーツ選手。やはりスポーツ選手はスポーツ選手どうし、つき合うことになる。

「で、会うつもりなの？」

「もちろん」

エドゥアルドは肩をすくめ、もう一度メールを見た。実を言えば、あまり気乗りはしなかった。ウィンクルボス兄弟にしてもディヴャにしても、どんな人間なのかは本当のところ知らないけれど、マークがどんな人間なのかはよくわかっていた。マークがああいう連中とうまくやっていけるとはとても思えなかった。マークと長い間、うまくやっていこうと思えば、ある程度、彼を理解しなくてはいけない。だが、ウィンクルボス兄弟のような人間が、エドゥアルドやマークのような「ギーク」と呼ばれる人間を理解するのは無理なのではないか。

確かに、エドゥアルドは、今やフェニックスに出入りし、大きな基盤を固めつつある。今はイニシエーションの途中だが、あと一週間くらいでそれも終わるに違いない。そうすれば晴れて完全なファイナルクラブメンバーになれるのだ。だが、同じファイナルクラブとは言っても、フェニックスのメンバーとポーセリアンのメンバーではかなり違いがある。フェニックスが教えてくれるのは、酒の飲み方や、女の子に話しかけ、うまく寝るところまで持っていくにはどうすればいいか、ということだ。一方、ポーセリアンが教えてくれるのは、世界を支配する方法である。

「やめた方がいいと思うな」エドゥアルドは言った。「あんな奴らと組むことないよ」

マークはエドゥアルドから、メールをプリントアウトした紙を受け取ると、またポケットにしまい、靴ひもに手をやり、緩め始めた。


「さあ、どうかな」マークは言った。エドゥアルドにはわかっていた。彼はもう心を決めている。ウィンクルボス兄弟のような連中とつき合うことが魅力的に思えたのかもしれない。または、何となくちょっと楽しめそうだ、くらいの気持ち、フェイスマッシュと同じように、単なる悪ふざけのつもりなのかもしれない。

いつもと同じように、マークは今度もやはりこう言うだろうか。

「だって面白そうだから」

第一〇章　電子版ファックトラック

「おいおい、なんだなんだ。みんな、彼女を取られないように気をつけろよ。とんでもない奴が来てるぞ」

　二〇〇三年一一月二五日、カークランドハウス寮のダイニングホールにやって来たのは、タイラーとキャメロンだった。二人は、テーブルとテーブルの間をゆっくりと走っていた。そこへ、がっしりとした体格の四年生の男が近づいて来るのが見えた。彼は、低く手を伸ばして、タックルをするふりをした。幅の広い、垂れ下がった顎の上に、にやにや笑いが浮かんでいる。タイラーは笑ってしまった。そもそも誰にも気づかれずに、川沿いのハウスでミーティングをしようなんて考えがバカげているのだ。彼もキャメロンも、カークランドには大勢、友人がいるからだ。中には、ポーセリアンのメンバーも何人かいるし、ボートのチームメートもいる。その時、声をかけてきたデービス・マルルーニーは、そのどちらでもなかったが、彼に会わないようにするのは難しかった。体重が一四〇キロ近いと思われる彼は、フットボールの代表チームで、センターを務めている。案の定、そいつに捕まってしまったというわけだ。

　タイラーは左にフェイントをかけたが、動きが遅すぎたので、すぐにつかまってしまった。両腕を腰の高さに回されて、たっぷり五秒間は床から持ち上げられた。タイラーを下に下ろすと、デービスは兄弟二人と握手をし、濃い眉を片方だけ意味ありげに釣り上げた。

「これから川に入るのか？　何だってわざわざクァドからこんなところまで来たんだよ？」

タイラーはキャメロンの方を少し見た。実はマークと会うことになっていたのだが、そのことは今のところ、表沙汰にしない方がいいだろうということで意見が一致していたのだ。別にウェブサイトの開発を極秘で進めているというわけではない。友人たちはそのことは知っているし、ポーセリアンのメンバーにも何人か知っている者がいる。だが、問題は面会相手がマーク・ザッカーバーグであるということだ。彼は今、キャンパス内の騒動の渦中にいる。そういう人間と自分たちが会っていることがわかれば、大学中の話題になってしまう。とてもそれに対応するだけの心の準備はなかった。

第一、まだ本人と直接顔を合わせてもいない。だが、彼がサイトに強い関心を持っていること、開発に参加したがっていることは間違いなかった。ディヴャやヴィクター・グアは、何度かメールをやりとりしているけれど、彼らによれば、ザッカーバーグは本当に興味を示しているらしい。そして、最近のメールの文面を見て、兄弟は、わざわざ川沿いのハウスまでやってくる気になったのだ。こんな文面だった。

そろそろ、直接会って話したいです。フェイスマッシュの件がまだ尾を引いていて、それが面倒なんですが――明日はどうですか？　プロジェクトの話、是非聞かせてください。

だが、カークランドでディナーミーティングをするからと言って、完全に仲間になったというわけではない。完全に仲間になる前に、自分たち兄弟がフェイスマッシュの野郎と何かやっているなんてことが学内に知れ渡ることになっても困る。とはいえ、カークランドハウスに自分たちがやってきて、友人や知り合いに会わずにすむと考える方がどうかしている。たとえば、デービスの彼女のルームメートは、キャメロンの元彼女（の一人）だ。それにフットボール選手とボート選手は、トレーニングのスケジュールが似ているから、頻繁に顔を合わせている。

「今夜はスロッピージョー〔挽肉をパンに挟んだ、ハンバーガーに似た料理〕が出るって聞いたからさ。美味いスロッピージョーが食べたいっていつも思ってるんだ」

デービスは笑って、二人を窓のそばのテーブルの方へと促した。そこには、〝Harvard Athletics〟と書かれた揃いのトレーナーを着た、体格の良い男たちが集まっていた。

「一緒にどうだ？　後で『スパイ』で一杯やることになってる。グラフトンにも繰り出すんだ。ウエルズリーから『ファックトラック』に乗って女の子たちもやって来てる。楽しくなるぜ」

タイラーは少しあきれてしまった。ファックトラックとは、主に週末、ハーバードのキャンパスと、近隣の女子大（あるいは「さばけた」共学の大学）の間を行き来するバスだ。大学が走らせている。ハーバードの中でも「社交好き」なタイプの学生は、卒業までに、このファックトラックに一度は乗ることになる。タイラーは、目を閉じると今でもその時のことを思い出せた。バスのビニールのシートに染みついているような、高級酒の香りや香水の匂い。だが、今夜の彼は、ファックトラックにも、その「積荷」にも興味はなかった。

「残念だけど、今日は無理だな。また今度」

タイラーは友人の肩を軽く叩き、テーブルを囲む仲間たちにも手を振って、ダイニングホールの中をさらに進んで行った。歩きながら彼は考えた。ファックトラックは、結局、自分たちが今、取り組んでいるプロジェクトと本質的には同じものなのではないか。「ハーバードコネクション」には、「電子版ファックトラック」とでも言うべき機能を持たせるつもりなのだ。男女の交流を円滑にするためのもの、という点は共通している。違うのは、長い時間バスに揺られる必要はなく、単にパソコンのマウスをクリックすればいい、という点だけ。夢のような、「出会いのワンストップショップ」のようなサイトにするのだ。

キャメロンがタイラーの肩を叩き、長方形のホールの一番奥を指差した。テーブルの真ん中あたりに座った学生が手を振っていた。痩せていて、髪は茶色がかったブロンド。モップのような癖っ毛だ。外は零度くらいだと言うのに、短いカーゴショーツをはいている。頬は白く、彼らの目には青白く見える。長い間、日に当たっていないのではないか、と思えた。

テーブルにはもう一人いた。短い黒髪、シャツのボタンを上まで留めている。ルームメートかもしれない。しかし、彼は、タイラーたちの姿を見ると、マークを一人残して行ってしまった。まずタイラーがテーブルに近づき、手を差し出した。

「タイラー・ウィンクルボスだ。こっちは双子の兄弟でキャメロン。悪いが、ディヴャは今日、都合が悪いんだ。どうしても抜けられないゼミがあるから」

タイラーがマークの手を握ると、まるで死んだ魚でも握っているような感触だった。タイラーはマークの向かいに座り、キャメロンはタイラーの右側に座った。マークは何も言いそうな雰囲気ではなかったので、タイラーが最初に口を開いた。

「サイトは『ハーバードコネクション』という名前にするつもりなんだ」

タイラーはいきなり本題に入り、自分たちが作ろうとしているウェブサイトについて詳しく説明を始めた。彼の説明は、最初のうちは非常に明快なものだった。ハーバードの男女が知り合うことができ、情報交換をし、交流することができるインターネット上の出会いの場にする、というのが基本的な考えだ。サイトは二つのセクションに分かれる。一つはデートのためのセクションで、もう一つは出会いのセクションだ。利用する学生は、自分の写真と、個人情報をサイトに載せることができ、載っている写真や情報を手がかりに相手を探していくわけだ。サイトを作ろうと思った本来の動機も説明された。これまでの出会いはあまりに非効率なのではないか。自分に合った相手を見つけたいと思っても、今はあまりに障害が多すぎるのではないか。ハーバードコネクションが実現すれば、その人についての情報（もちろん、本人がサイトに載せたものだけ、ということだが）を基に相手を選ぶことができる。たまたま近くいた相手としか付き合えない、ということはなくなる。

表情から何を考えているかを推し量るのは難しかったが、どうやらマークは、話を即座に理解し、女の子と出会うためのウェブサイト、というアイデアは気に入ったようだった。また、サイト構築のためのプログラミングが彼にとって難しいものではない、という確信も得たようだ。ヴィクターがすでにどこまで進めたのかをきいてきたので、キャメロンは、「自分で確認してみてくれ」と言い、ヴィクターの書いたプログラムを見るためのパスワードは知らせると約束した。プログラムは、自分のコンピュータにダウンロードして構わないとも言った。確か、あと一〇時間か一五時間くらいで終わるくらいの作業量のはず、とキャメロンは記憶していたので、そのことも告げた。マークのような人間にとっては大した負担にはならない。キャメロンが作業の細部について話す間、タイラーは椅子にもたれ、話を聞くマークを見ていた。

二人が自分たちの計画について話せば話すほど、マークの興奮が高まっているように、タイラーには思えた。彼のぎこちない態度は、話がコンピュータの専門的なことに及ぶと消えていった。コンピュータに強い奴はこれまでも見てきたが、こういう奴は初めてだ。彼は、このプロジェクトに対し、兄弟と同じような情熱を感じ、ビジョンも共有してくれているようだ。しかし、そうだとしても、自分がこの仕事をすることで何が得られるのか、ということが彼も当然気になるだろう。タイラーは、キャメロンの話が一段落したところで、そのことを話し始めた。

「サイトが成功すれば、金が入る」彼は言った。「でも、問題は金だけじゃない。俺たちみんなにとってそれ以上の価値があると思うんだ。面白いしな。君には、中心になって活躍してもらいたい。キャンパス内での名誉も回復できると思う。大学新聞も、今度は非難するんじゃなくて、君を褒め称えるはずだよ」

実に単純明快な話だ、とタイラーは思っていた。パートナーとしてプロジェクトを共に進め、金を稼ぎ、みんなが得をする。しかも、マークにとっては、ウェブサイトを立ち上げることで、自分のイメージ回復にもなる。「コンピュータギーク」が注目の的、称賛の的になれるのである。なかなかないことだ。普通は目立たないところに追いやられる人種だからだ。サイトを利用すれば、彼は自分の「社会的地位」をいくらでも高められるだろう。

タイラーは、ダイニングホールの奥に座るマークを改めて見た。ぎこちない態度、この不器用さは生まれつきのものかもしれない。だからこそ、この話は彼にとって魅力的ではないだろうか。確かなことは言えないが、サイトがうまくいって、それで少し名誉を得れば、彼もまったく違った人間に変わる可能性がある。ギークの世界を出て、外の世界に触れれば、コンピュータだけを触っていたのでは絶対に出会えないタイプの女の子とつき合うことだってできる。

マーク自身がどういう人間なのか、タイラーはまったく知らなかったが、こんな良い話に反応しない人間がいるとは思えなかった。

ミーティングが終わる頃には、タイラーは、マークが絶対に仲間に入るという確信を得ていた。再度握手した時には、その手はもう死んだ魚のようではなく、エネルギッシュなエンジニアのものになっていた。また、ついに、自分たちのしようとしていることを真に理解してくれる人間に出会えた、と思えることがタイラーは本当に嬉しかった。

あまりに嬉しかったので、やはり、あのフットボール選手たちと「スパイ」で一杯やろうか、と考え直していた。ハーバードコネクションが実現に一歩近づいたのだ。少しそれを祝ってもいいのではないだろうか。

そして、お祝いをするなら、何よりそれにふさわしいのは、ファックトラックでやって来る女の子たちと遊ぶことではないだろうか。

第一一章　双方向のソーシャルネットワーク

クロームとガラスのオープンキッチンから、ニンニクとパルメザンチーズの焼ける強烈な香りが漂っている。これがもし普通の日ならば、その強すぎるくらいの香りで心が浮き立つはずだ。しかし、今日のエドゥアルドはそれどころではない。頭はズキズキしているし、目は充血してヒリヒリしている。漂白剤か何かが振りかかったらこんな感じではないかと思う。漂ってくる香りは、彼にとっては苦しいだけだ。彼は今、この小さなボックス席のテーブルの下をくぐって這い出し、床の上で丸まって眠ってしまいたい、と思っている。だが、そうもいかないので、前に置かれたグラスに入った冷たい水を何度も飲んで、手に持った小さなメニューに書かれた文字をかすむ目で何とか読もうとした。

ここは「ケンブリッジ1」、ハーバードスクエアでも一番人気のある店だ。ここに来る時はいつも、分厚くて、色々な具ののったピッツァを食べる。この店から漂う香りは、チャーチストリートを二ブロック行ったところからでもわかる。このモダンでこぢんまりとした店はいつも満席だ。ボックス席も、オープンキッチンそばの小さなバーの席も、たいていすべて埋まっていた。しかし今の彼の興味はピッツァではない。今は食べ物のことを考えるだけで気持ちが悪くなってくる。寮の部屋に走って帰り、毛布にくるまって、二日ほど引きこもっていたかった。

こんなことになるはずではなかった。まだ新年になって一週間くらいだし、ちょうど二週間の冬休みが終わったところで授業もまだ始まっていない。マイアミから戻って来たのは、ほんの二日前だ。ローガン国際空港に降り立つと、彼はすぐに「フェニックス」に向かった。長く家族と過ごして緩みきった自分を早く元に戻すためだ。

エドゥアルドは、心を新たにすべくキャンパスに戻ってきた。「フェニックス」にいれば、それほど難しいことではなかった。彼とともに新メンバーになった仲間たちもいた。彼らは皆、有頂天になっていた。ほんの一〇日前の「イニシエーション」の夜に受けたダメージから必死で立ち直ろうとしているようでもあった。

エドゥアルドはその様子を見て少し笑ってしまった。彼にとってもイニシエーションの夜は辛いものだったのだが。あれは本当に、これまで生きてきた中でも一番ひどい夜だったかもしれない。始まりは実に穏やかだった。タキシードでドレスアップして、新メンバーたちはまず、ハーバードスクエア全体を兵士のようにきびきびと行進した。その後、マウント・オーバーン・ストリートの屋敷に戻り、クラブハウス上階のリビングルームに連れて行かれた。

儀式の最初は、昔ながらの「ボートレース（飲み比べ）」だった。新メンバーたちは、二つのグループに分けられて、ビリヤード台の前に整列させられる。そして各グループの先頭のメンバーに「ジャックダニエル」のボトルが渡される。笛の音が聞こえたら、レース開始だ。新メンバーは皆、自分の飲める限りの量を飲まなくてはいけない。飲めるだけ飲んだら、次の列にボトルを渡す。残念ながら、エドゥアルドのチームはレースに敗れた。敗れた方は、罰として、もっと大きなウォツカの瓶で同じことをしなくてはいけない。

その後のエドゥアルドの記憶は曖昧《あいまい》だ。ただ、タキシードを着たまま川まで行進したのは覚えている。それから、薄いジャケットだけ羽織った格好で立っていたから、とんでもなく寒かったのも覚えている。その後、彼を含む新メンバーたちは再びレースをするよう言われた。ただし、今度は水泳のレースだ。チャールズ川の向こう岸まで渡って戻って来るレースである。

エドゥアルドはこれを聞いて気を失いそうになった。チャールズ川は汚いことで有名なのだ。しかも今は一二月の半ばで、ところどころ凍り始めてもいる。シラフでもこの川を泳いで渡るなんて正気の沙汰じゃないのに、酔っている時に泳げ、だって？

それでも、エドゥアルドに選択の余地はない。仕方なく、他の新メンバーたちと同じように、靴下と靴を脱ぎ、川の縁に整列して、前かがみになった。

だが、ありがたいことに、その時暗闇の中で先輩メンバーたちの笑い声と歓声が聞こえてきた。さすがに本当に泳げ、ということではなかったらしい。あとはただ、酒を飲み、ちょっとした儀式に参加するだけだった。そして、最後は「おめでとう」の声。数時間でイニシエーションは完了し、エドゥアルドはめでたくフェニックスの正式メンバーになった。

もう上階のホールにも、クラブの個室にも、彼は自由に出入りできる。屋敷の隅から隅までどこに行ってもいい。今後は、彼にとっての社交場はほとんどここになる。驚いたことに、クラブの屋敷の上階には、寝室まであることが昨夜、わかった。誰も住んでいるわけでもないのに、寝室があるのだ。その寝室がある目的は何となく推測できた。そう思うと、余計に仲間たちと何度も乾杯したくなる。その結果、今の最悪の体調というわけだ。

あまりに調子が悪いので、ボックス席を離れてドアに向かって歩きそうとした時、満席のバーのそばをふらふらと通り過ぎるマークの姿をようやく見つけた。マークはいつものようにフリースのフードをかぶり、目には妙な、何かを決心したような輝きがあった。マークはいつものエドゥアルドはそれを見て、その場にとどまることにした。マークがあんな目をすることはそうない。の中で何かとても面白いことが起きている証拠だ。だからこそ、いつもランチを食べているダイニングルームではなく、このイタリアンレストランで会おうとマークが言ったのだろう。

エドゥアルドが、もう一度、水の入ったグラスとメニューの前に戻り、席に座り直した時、マークは向かいの席に滑り込んできた。

「良いこと思いついたんだ」彼はいきなりそう切り出した。

フェイスマッシュの事件以降の数ヶ月間にわたって、マークはあるアイデアを温めていた。それは、フェイスマッシュが基になったものだ。ただし、フェイスマッシュというウェブサイトそのものをどうにかするというわけではない。彼が注目したのは、自分が目の当たりにした皆の狂ったような激しい反応だった。賛否両論、多くの人があのサイトに何らかの反応を示したのだ。それだけ、人を動かす力があったということになる。マークは、ただたくさんの女の子の写真をインターネットに上げたというだけではない。魅力的な女の子の写真が見られるサイトなら他にいくらでもある。フェイスマッシュにいた女の子は、直接的にしろ間接的にしろ、ハーバードの学生たちが知っている、身近な女の子たちの写真だったのだ。あのサイトにあれほど多くのアクセスが集まり、数多く投票された事実を見れば、自分のクラスメートについて知りたいと思っている学生が非常に多いということは間違いない。インターネット上で、こっそりとできるなら、みんなそうしたいのだ。

マークはさらに考えた。みんなインターネットで知り合いについて調べたいと思っているのなら、まさにそういうウェブサイトを作ればいいのではないか。友人のオンラインコミュニティを作るのだ。皆の写真やプロフィールを載せる。サイトの利用者なら、それをいくらでも見て回れるようにする。インターネット上に社交できるネットワーク（ソーシャルネットワーク）を作る、ということだ。ただし、誰もがサイトの利用者になれるわけではない。アクセスが許されるのは、限られた人だけだ。そうすることで、見知らぬ人ばかり、というのではなく、どの利用者も最初から誰か知り合いがいる、という状態にする。排他的なサイトにする。現実の世界の社交の環と同じようなものをインターネット上に作り、環の中にいる人だけでサイトを利用するのだ。

フェイスマッシュとは違い、写真は利用者が自分で載せるようにする。写真だけでなくプロフィールもそうだ。どこで育ったのか、今、何歳か、どんなことに興味があるのか。どんな授業を取っているのか。友人を作りたい人もいれば、恋人を作りたい人もいるだろう、それは皆が自由にすればいい。利用者が自分の友人を招待し、サイトに参加させられる、という機能も欲しい。すでに利用している人が、ふさわしいと思う人を選んで新たに仲間にするのだ。

「サイトの名前は、〝ザ・フェイスブック（The Facebook）〟にしようと思うんだ。単純でわかりやすいだろ」マークは言った。目がやる気に満ちていた。

エドゥアルドは瞬きした。二日酔いは一気に吹き飛んだ。すぐに「それは本当に素晴らしいアイデアだ」と思った。すごいことになりそうな気がする。部分的には、同じような特徴を持ったサイトが他にもあるのは知っている。たとえば、フレンドスター（Friendster）は割によく知られているけれど、魅力に乏しく、少なくともハーバードには使っている人間がほとんどいなかった。また、アーロン・グリーンスパンという学生が、何ヶ月か前に情報共有ＢＢＳ（掲示板）に一部の学生を参加させて問題になったことがあった。ハーバードのｅメールアドレスや学生ＩＤをログイン時のパスワードに使わせていたのだ。グリーンスパンは、社交の要素を加えたハウスシステム（houseSYSTEM）というサイトも作っており、その中に、ユニバーサル・フェイスブック

（Universal Facebook）というセクションも設けていた。マークもそれは知っているはずだ。ただ、エドゥアルドの知る限り、さほど関心を集めているとは言えない。

フレンドスターはマークが考えているような意味で排他的ではない。またハウスシステムも決して使い勝手がいいわけではなく、写真やプロフィールを自由に載せて自由に見られるというようなものではない。マークのアイデアは今まであったものとは決定的に違っている。現実世界のソーシャルネットワークを完全にウェブ上に移したようなものだ。

「大学も一応、オンラインの名鑑を作ろうとはしてるよね？」

大学新聞『ハーバード・クリムゾン』にフェイスマッシュについての記事が載った時、新たに学生の写真を集めたサイトを作る計画を大学が立てていると書いてあったのだ。エドゥアルドはそれを思い出していた。すでに同様のサイトを持っている大学も多いのだが、それは学生の写真を保管するサイトという感じだ。

「うん。でも、全然『インタラクティブ』じゃないからね。ただ写真があるだけで何ができるってわけでもない。僕が言ってるのはそういうんじゃないんだ。それに〝フェイスブック〟っていうのは単なる一般名詞だから、他で同じ名前をもし使っていても別に問題にはならないと思う」

インタラクティブ――双方向。つまり、「双方向のソーシャルネットワーク」を作ろうとしているわけだ。とても魅力的な響きだ。だが、作るのは大変な仕事になりそうだ。エドゥアルドはコンピュータのことはよくわからない。それはマークの専門だ。マーク自身が作れると思うのなら、きっと作れるのだろう。

マークはすでに、自分のアイデアについて相当考えたようだ。少なくとも彼の頭の中では、かなりの部分までできあがっているに違いない。ベースになっているのはフェイスマッシュだけではない。他の学生が取っている授業がわかるところなどはコースマッチから引き継いだものだ。フレンドスターも当然、そういう要素は取り入れているだろうが、他の類似サイトがどんなものかくらい、マークはすべて調べているはずだ。

マークはすでに存在するあらゆるものを見て、それを全部、頭の中でまとめあげたのだ。そして、これまでより一歩進んだものを作ろうとしている。そんな天才的なひらめきがマークの頭に訪れたのはいつのことだったのだろう。冬休み、ドブズフェリーの実家に帰っていた時だろうか。寮の部屋に一人座って、コンピュータの画面を見つめていた時だろうか。それとも授業中だろうか。

一つ確かなことは、彼が、ウィンクルボス兄弟とやりとりをしている時に着想を得たわけではないということだ。マークは、兄弟とのミーティングの様子を詳しく話してくれた。開発して欲しいと頼まれた兄弟のサイトについても聞いた。マークの話を聞く限り、彼らの考えているのは、いわゆる「出会い系サイト」にちょっと手を加えた程度のものだ。女の子と寝たいと思っている男のためのサイトというわけだ。高度なマッチ・ドットコム（Match.com）とでも言うべきか。

エドゥアルドの知る限り、マークは兄弟のための仕事は何もしていないはずだ。開発中のサイトを見て、一通り検討はしたが、時間を割くほどの価値はないと判断したようだ。どうやらマークは少しバカにしていたようだ。自分の友人なら、一番酷い奴でも、ディヴャやウィンクルボス兄弟よりは、ウェブサイトに人に集める方法を知っていると言っていた。いずれにしろ、彼は授業だけでも忙しくて、とてもじゃないが、せいぜい「筋肉バカ」が何人か関心を示すくらいの出会い系サイトに費やす時間はなかったのだ。eメールや、時には電話でもやりとりは続けていたはずだが、それがなぜなのかはわからない。ひょっとすると、向こうは向こうで勝手な理解をし、マークはマークで勝手な理解をしていた、ということなのかもしれない。

ウィンクルボス兄弟は、マークのことを完全に誤解していた。それは間違いない。自分たちのウェブサイトを作れば、悪くなったイメージを回復できる、マークはそのチャンスに飛びついて来るだろう、兄弟はそう考えていたのだと思う。だが、マークは自分に「回復」しなくてはならないものがあるとは思っていなかった。フェイスマッシュによって確かに彼は窮地に陥った。だが同時に、あのサイトによって、マークは、自分が世間に向かって証明したかったことを果たせたと思っていた。それは、他の誰よりも自分は頭が切れるということだ。彼は、ハーバードのコンピュータに勝ち、理事会にも勝ったと思っていたのだ。

マークが、自分をウィンクルボス兄弟よりも上だと思っているのも間違いなかった。自分の能力を利用しようだなんて、何様のつもりだ。世界を支配しているつもりかもしれないが、結局、たかがスポーツ選手じゃないか。確かに外の世界は支配しているかもしれない。でも、コンピュータとウェブの国では、マークが王だった。

「すごいアイデアだと思う」エドゥアルドは言った。もはや周囲のことは目に入らなくなっていた。今、目に入るのは、新プロジェクトにかけるマークの情熱だけだ。エドゥアルドは是非、プロジェクトに関わりたいと思った。マークも絶対にそれを望んでいる。そうでなければ、わざわざ彼にこの話をするはずがない。まずルームメートに話すだろう。ルームメートの一人、ダスティン・モスコヴィッツもコンピュータに関しては詳しい男だ。プログラミング能力はマークと同じくらいあるだろう。マークはなぜ彼に先に言わないのか。何か理由があるはずだ。

「ああ、すごいアイデアだよ。でも、少し開業資金がいるんだ。サーバをレンタルしてインターネットにつながないといけないから」

なるほど確かに理由はあった。マークは、サイト立ち上げのための資金を必要としていたのだ。エドゥアルドの家は裕福だった。そして何より、エドゥアルド自身が金持ちだった。石油の先物取引で稼いだ三〇万ドルがあるからだ。その金は、彼が気象に対して並外れた執着心をもったからこそ得られたものだった。彼には、ハリケーンのパターンを完全に予測できるアルゴリズムがあるのだ。

エドゥアルドには金がある。マークはそれを必要としている。極めて単純な構図だ。しかし、エドゥアルドは、それだけではないと信じたかった。

マークが立ち上げようとしているのは、「社交」のサイトである。マークには、社交の能力はない。そもそも生活の中で社交というものをしていない。エドゥアルドは、ちょうどフェニックスのメンバーになったばかりだ。これから人間関係を広げていき、たくさんの女の子とも出会う。いずれ、その中の誰かと寝ることになるだろう。マークの友人の中で、そういう面で頼れる人間が自分以外にいるだろうか。エドゥアルドは、マークの仲間内ではどう見ても一番「社交的」なのだ。

「わかったよ」エドゥアルドはそう言って、テーブル越しにマークと握手をした。金を出す以外に、きっと色々と助言もできるだろう。自分がいれば、マークだけよりも、プロジェクトをうまく進められる。マークはとてもビジネス向きとは言えない。何しろ、ハイスクール時代には、マイクロソフトから百万ドル単位の金を出すと言われたのに、その申し出を断っているくらいなのだ。

エドゥアルドは、ビジネスの世界で育ってきた人間だ。マークのアイデアを活かせば、自分がこれまで培ってきた力がどれほどのものかを、父親に見せることができる。ハーバード投資協会のリーダーになるのもいいだろうが、人気ウェブサイトを立ち上げ、うまく運営してみせるのもいい。

「で、いくら必要なの?」エドゥアルドは尋ねた。

「まず千ドルあれば、と思うんだ。僕には今、それだけの金はない。でも、君が立て替えてくれたら、すぐにでも始められる」

エドゥアルドはうなずいた。彼はマークが金を持っていないことを知っていた。しかし、エドゥアルドなら、千ドルくらいの金は二〇分以内に用意できる。ちょっと最寄りの銀行に行けばいいだけのことだ。

「会社は七・三に分けよう」マークは突然申し出た。「僕が七、君が三だ。君は会社のＣＦＯ（最高財務責任者）になってくれよ」

エドゥアルドはまたうなずいた。それが公平だろう。元々、マークのアイデアで作る会社なのだ。エドゥアルドは資金の提供をし、経営上の意思決定をする。その会社で大金が稼げるようなことはないだろう。だが、アイデアは非常に良いのだから、そう簡単に失敗に終わるということもないはずだ。

ウェブサイトを作ろうとする学生はキャンパス中にいくらでもいた。ウィンクルボス兄弟やグリーンスパンだけではない。エドゥアルドが知っているだけでも、寮の部屋でオンラインビジネスを始めた学生は一〇人以上いた。彼らのビジネスの多くには、ウィンクルボス兄弟のものと同様、「社交」の要素があった。しかし、マークが考え出したような、「クール」なビジネスは一つもなかった。シンプルでわかりやすく、人を惹きつけるところがある。「排他的」というところもとてもいい。

ザ・フェースブックには、成功するウェブサイトの条件がすべて揃っていた。アイデアはシンプルで、魅力的な機能を備えており、しかも誰でも彼でもが使えるわけではない。ファイナルクラブのオンライン版、とも言える。フェニックスと似たところもあるが、寮の部屋にいながらにして、外の人間に知られることなく加入ができるところが違う。何より、マーク・ザッカーバーグが、このクラブでは誰かに入会の可否を判定されたりすることはない。ここでは、彼が会長だからだ。

「本当に面白くなりそうだ」エドゥアルドは笑顔で言った。マークもすぐに笑顔で応えた。

第一二章　マークの言い訳

そのドアは非常に大きく、真っ黒に塗られている。マサチューセッツアベニューを挟んで、真向かいには、さらに大きく、やや不気味な石造りの門がある。門には鉄の柵があり、派手な石細工の装飾も施されている。石灰岩のアーチの頂点には、イノシシの頭が彫刻されている。門をくぐる新入生が、通りの反対側にあるドアに目を向けることはまずあり得ない。ほんのわずかでも興味を示すことはないだろう。興味を持つ方がむしろ異常だ。赤みを帯びたレンガで造られた建物の一階は地味な衣料品店で、五階まである。建物自体は、これと言って特徴のないものだ。しかし、「マサチューセッツアベニュー一三二四」というのは、ハーバード大学にとって、伝説的な場所である。大学の秘めた歴史に深く関わる場所なのだ。

二〇〇四年一月一四日。タイラー・ウィンクルボスとその双子の兄弟、キャメロン、そして彼らの親友であるディヴャは、黒いドアの内側にいた。「バイシクルルーム」と呼ばれる、小さな長方形の応接室。そこに置かれた、緑の革張りのL字型ソファに彼らは座っていた。タイラーとキャメロンだけならば、上の階に行くことができただろう。しかし、一世紀以上の歴史を持つ建物へと続く、緑のカーペットが敷かれた階段に、ディヴャは入ることができなかった。その狭く曲がりくねった階段の向こうに、ディヴャは招かれていなかったし、これからも招かれることはないだろう。

ポーセリアンには、二百年以上の歴史を経る間に、数多くのルールができていた。ポーセリアンは、ファイナルクラブの中で最上位に置かれている、社会的地位が最も高いクラブであり、どのクラブよりも優秀な、傑出した人材を多く輩出してきたという実績を持つ。アメリカでも、最高のエリートが所属する、最も秘密主義的なクラブであることに誰も異議はないだろう。イェール大学の「スカル&ボーンズ」に匹敵する存在である。設立は一七九一年で、「ポーセリアン」と名づけられたのは一八九四年。この名前は、卒業間近のメンバーが、乱痴気騒ぎのパーティーに供した豚の丸焼きに由来する。メンバーに連れられて、授業に出たこともある豚を料理したのだ。教授が近づいて来ると、窓のついた箱に隠したという。ポーセリアンこそが究極の「校友会」であり、校友会というもののルーツである、と言えるだろう。

メンバーが「オールド・バーン（古い納屋）」と呼ぶクラブハウスは、まさに歴史が作られた場所だ。セオドア・ルーズベルトはポーセリアンのメンバーだった。他にもルーズベルト一族の人間が数多くメンバーになっている。フランクリン・ルーズベルトは入会を拒まれたが、そのことを本人は「人生最大の失望」と言っている。ポーセリアンのモットーは「生きている間は楽しもうではないか（dum vivimus, vivamus／ラテン語の格言）」である。メンバーの多くは在学中だけではなく、卒業後、社会に出てからも、そのとおりの人生を歩むことになる。ポーセリアンのメンバーであることは、世界の指導者になることを運命づけられているに等しい。もし、メンバーが三〇歳までに一〇〇万ドル稼げなかったら、クラブがその金を寄贈する、という都市伝説まである。

それが事実かどうかは別にして、タイラー、キャメロン、ディヴャの三人がその時バイシクルルームにやって来たのは、一〇〇万ドルを稼ぎ出す方法を考えるため、ではない。むしろその逆で、自分たちの成功が急に遠のいてしまったことを嘆きに来た、と言った方がいいだろう。

そうなった原因は、はっきりしていた。マーク・ザッカーバーグだ。

カークランドハウス寮でのミーティングは上々に思えた。二ヶ月の間、そうだと思っていた。マークは、「ハーバードコネクション」のプロジェクトで彼らと組めることを喜んでいるはずだった。確かに彼はそう言っていたはずだ。途中まで作ったサイトのコードも見てくれていたし、作業もすぐに始めてくれるのだと思っていた。

マーク、ウィンクルボス兄弟、ディヴャの間では五二通ものメールがやりとりされ、電話でも五、六回話した。メールでも電話でも、マークは、最初のミーティングの時と同様、プロジェクトを面白いと感じ、熱意を持っているようだった。マークからのメールは、ウィンクルボス兄弟には、彼の業務日誌のように思えた。メールが来る限り、プログラミング作業は少なくとも前進していると思えたのだ。たとえ、思っていたよりは少々、遅れているにしても。

コーディングはほとんど終了していて、今のところ、どのコードも問題なく動いています。今、ちょっと授業の課題を終わらせなくちゃいけなくて、そっちをやっていますが、すぐに作業を再開します。感謝祭で家に帰る時に充電器を忘れてしまいましたけど。

しかし、七週目の終わりになるまで、実際にどのくらい作業が進んでいるのか具体的に知らされることは一度もなかった。書いたコードがメールに添付されてきたこともないし、サイトに新しいコードが加えられた様子もない。タイラーは少し心配になってきた。いくら何でも時間がかかり過ぎだ。当初、サイトはクリスマス休暇の終わりまでに運用開始できる状態になると考えていた。そこでキャメロンにメールを出させ、近いうちに作業が終わるのかどうかを尋ねることにした。マークは、それにほとんど即答、という感じで返事をよこした。だが、文面は、「まだ時間がかかる」というものであった。

しばらく連絡できなくてすみません。今週はやることがあまりに多くて。プログラミングを担当しているプロジェクトが三つあって、月曜締切で論文も仕上げなくちゃいけないんです。金曜締切の仕事も二つあります。

だが、そのメールの中で、マークは、サイトの仕事にもできる限り取り組んでいることを知らせてきていた。

サイトの進捗《しんちょく》ですが、いくつか変更を加えたところがあります。全面的に変更というわけではないですが。変更部分は僕のコンピュータでは問題なく動いています。まだサイトにアップロードはしていませんけど。

その後の文面を読んで、タイラーは少し不安になった。マークはこのプロジェクトを全面的に支持してくれているとばかり思っていた彼にとっては、あまりに唐突に思える話だった。

このくらいの機能で、本当にサイトに人を呼べるのか、僕はいまだに懐疑的です。果たして運営を続けるのに十分な数のユーザーが集まるかどうか。それに、現状では、仮に望みどおりの人数が集まったとしても、ＩＳＰ（インターネットサービスプロバイダ）から提供される通信回線の容量に問題があり、相当な最適化をしなくては、負荷に対応できないのでは、と思っています。その最適化にも何日か時間がかかります。

マークがサイトの「機能」に言及したのはそれがはじめてだった。それまでは、アイデアを面白がっているとしか思えない発言ばかりで、彼もサイトが大成功すると信じているとしか思えなかった。

このメール以降、タイラーは強硬な態度を取り、直接顔を合わせて話をする機会を作るよう、強く求めた。もう今頃は、とっくにサイトの運用が開始できるようになっているはずだったのだ。一日経つごとに、誰かに先を越される危険が増していく。誰かが同じようなサイトを立ち上げてしまうかもしれない。タイラーもキャメロンも四年生である。それを考えても、一日も早くサイトが動いて欲しい。なのに、マークは先延ばしを続けている。学業が忙しすぎて、はっきりとした予定は言えない、と言っている。

マークがようやくカークランドハウス寮のダイニングホールで短時間のミーティングに渋々姿を現したのは、一月一四日の夜のことだった。ウィンクルボス兄弟とディヴャが、ポーセリアンの門——一九〇一年にクラブからハーバードに寄贈されたものだ——をくぐり、真っ黒なドアを開けてここに来る数時間前のことだった。

タイラー、キャメロン、ディヴャが、マークと同じテーブルについた時、彼の様子は以前とまったく変わらないように思えた。彼らのアイデアを称賛していたし、「ハーバードコネクション」というサイトの持つ可能性がいかに大きいか、ということも話していた。しかし、どこかの時点から雰囲気が変わってきた。少し遠回しな表現で、今は十分な時間が取れない、ということを話し出したのである。他のプロジェクトを多くかかえているために大半の時間をそれに取られてしまっている、というのだ。タイラーは、きっと大学の授業に関わるプロジェクトのことを言っているのだろうと推測したが、マークの言い方はいかにも曖昧で、はっきりしなかった。

また、彼はハードバードコネクションが問題をいくつか抱えていることも話した。それまで彼が言及していなかった問題だ。問題解決のためには、何やら「フロントエンド関連の作業」というのがいるらしい。そして、マークはあまりそれが得意ではないという。「フロントエンド」という言葉は、おそらく、サイトのトップページの見た目、というようなことを指すのだろうと、タイラーは推測した。だとしたら、妙な話だった。それなら、まさにフェイスマッシュの騒動の時に、なにより得意であることを証明しているはずだからだ。

マークはさらに混乱させるようなことも言った。サイトを長く存続させるためには、まだ手を加えなくてはならないが、そのための作業は退屈で、なかなかやる気になれない、というのだ。彼はまた、このサイトは機能に乏しい、ということを言った。そしてもし、機能を充実させれば、サーバの容量が不足するという。

タイラーはふと気づいた。こいつは、俺たちの膨らませた風船を萎《しぼ》ませようとしているのではないか、と。最初は面白いと思ったが、今はもう、そんなに面白いとは思っていない、と言っているのではないか。

ひょっとすると「燃え尽きた」ということかもしれない、とタイラーは思った。大学の勉強も大変な中で懸命に働いているのだ。ヴィクターから聞いたことがあった。エンジニアにはそういうところがあると。たまに、疲れて、燃え尽きてしまって、不機嫌になってしまう。マークの言い訳は、どうも言い訳になっていないのだ。サーバの容量が足りない？　なら、増強するまでだ。フロントエンドが問題？　なら、フロントエンドのデザインだけ、誰か別の人間にやらせればいいだろう。

しばらくそっとしておいてやればいいのかもしれない、そうすればすぐに仕事に戻ってくれるような気もする。二月になれば、また熱心に取り組んでくれるかもしれない。

だが、それも腹立たしい。タイラーも、キャメロンも、ディヴャも、ミーティングが終わった時には完全に意気消沈していた。何週間も「すべて順調」と言い続けたのに、今になってマークは「まだできない」と言う。今になって、「問題がある。それを解決しなくてはならない」などと言い出す。そればかりか、「もう熱意を感じない」とまで言う。彼の説明の中で納得ができるのは「大学の勉強が忙しい」ということくらいだ。後は、下手な言い訳に過ぎない。二ヶ月もの時間を無駄にする理由にはまったくならない。

がっかりしたどころの話ではない。タイラーは今頃サイトは動き出しているはず、と本気で思っていたのだ。マークは変な奴だが、彼らのプロジェクトを正しく理解し、可能性も認めてくれている、と思っていた。途中経過も見た上で、「これならすぐに終わる」と請け合ってもくれた能力のあるプログラマーなら、一〇時間か一五時間あればできるという見方も間違いではないと言っていたのはマークだ。なのに、フロントエンドがどうの、サーバの容量がどうのなどとくだらないことを言う。

どうも辻褄《つじつま》が合わない。結局、二、三週間そっとしておくのが最善の策だろう、とタイラーは判断した。いずれ元の状態に戻るのではないだろうか。

「それでも元に戻らなかったらどうする?」皆でバイシクルルームのソファに座る時、ディヴャが言った。黒いドアの向こう側、マサチューセッツアベニューを車が通っていく音が聞こえる。上の階に行けば、特殊な鏡を使って、外の様子を見ることはできる。自分が外を見ていることを、外からは知られずに済む仕掛けだ。だが、タイラーにのぞき見の趣味はなかった。彼は、何にでも自分で参加したい、中に入って、自分の力で物事を前に進めたいと思うタイプだった。立ち止まって、ただ世界が動いていくのを見ているだけというのは耐えられなかった。

タイラーは肩をすくめた。性急に結論を出そうとは思わない。ただ、どうやら自分たちはマークという人間をよく理解していなかったようだ。マーク・ザッカーバーグは、起業家タイプの人間のように思えたけれど、それは見込み違いだったらしい。きっと「明確なビジョン」なんてものは持たない、単なる「ギーク」に過ぎないのだろう。

「もし戻らなかったら」タイラーは渋い表情で言った。「別のプログラマーを探すしかないだろうな。ちゃんと俺たちが最終的に何を目指しているのかをわかってくれるようなプログラマーを」

所詮、マーク・ザッカーバーグという男は、何もわかっていなかったということかもしれない。

第一三章　「ザ・フェイスブック」運用開始

二〇〇四年二月四日。エドゥアルドは、カークランドハウス寮の人気のない廊下に立っていた。優に二〇分は待っていた。ようやくマークが、吹き抜けになったダイニングホールへと続く階段から飛び出してきた。動きが速いので、彼の履いているサンダルがよく見えないほどだ。黄色いフリースのフードは、頭の上で、パタパタと揺れている。まるでハリケーンの中にでもいるようだ。エドゥアルドは、腕組みをしながら、マークが走り抜ける姿を見ていた。

「待ち合わせは九時じゃなかったっけ」エドゥアルドはそう切り出したのだが、マークはそれを制した。

「今、ちょっと話ができないんだ」マークは、いつもの半ズボンから鍵を取り出し、ドアノブに差し込みながら、小声でそう言った。

マークの髪はボサボサで、目は血走っていた。

「また寝てないのか」

マークは答えなかった。エドゥアルドは、マークがこの一週間ろくに寝ていないことをよく知っていた。昼夜問わず、ぶっ通しで作業をしていたのだ。疲れ切っているという言葉ではとても言い表せないほど疲れていたのだが、それはマークにとってどうでもいいことだった。今のマークにとっては、あらゆることがどうでもよかった。まるでレーザーのように、完全に一つの目標だけに向かって一直線に進んでいる状態だったのだ。エンジニアなら、誰でも経験のあることに違いない。自分の気を散らすものはすべて拒絶していた。たとえ一瞬でも自分の集中を妨げ、思考の邪魔をするようなものは全部、受けつけないようにしていたのだ。

「どうして話ができないんだよ？」エドゥアルドは続けてきいたが、マークは無視し、鍵を回してドアを開け、飛び込むように中に入った。その時、彼のサンダルが、置いてあったジーンズに引っかかって宙を飛び、床に落ちた。マークは一瞬の間、バランスを失い、雑然とした本棚や小さなカラーテレビのそばでしばらくふらふらしたが、すぐに体勢を立て直し、再び前に進み始めた。寝室に入ると、最短経路で机に向かった。

デスクトップパソコンを立ち上げ、プログラムのファイルを開くと、即、仕事にかかる。エドゥアルドは、彼の後ろをとぼとぼと歩いたが、その音もマークの耳には入らないようだ。取り憑かれたように、猛烈な勢いで指を動かし、キーを叩き続けた。

「最後の仕上げに入ったのだろう」エドゥアルドはそう思った。設計やコーディングは、完了しているはずだし、デバッグも三時にはすべて終わっているはずだった。あとはマークが、この一日近くずっと考えていた機能を追加するだけである。

マークはサイトの見た目にも色々と工夫をしていた。できる限りシンプルですっきりしたデザインにしようとしたが、一方で、見る人の注意を惹きつけるに十分なだけの派手さも持っていなくてはいけない。また、重要なことは、人がザ・フェイスブックを使うのは、単なる「のぞき見」のためではない、ということだ。これは、いわば、「双方向」ののぞき見なのだ。もっと言えば、大学内で日々起きていることをコンピュータ上で再現した、ということかもしれない。学生たちはクラブやバーで、また教室やダイニングホールで、他の学生たちと毎日接している、それを再現したのだ。皆、人に会い、話をする。そうしてソーシャルネットワークを築いていく。そんな行動の背後には、それに駆り立てる、人間が生来持っている、素朴で根源的な特性のようなものがあるに違いない。

「いい感じにできたね」エドゥアルドは、マークの肩越しに画面を見て言った。マークはうなずいたが、それはエドゥアルドの言葉に対して、というより、自分自身に対してうなずいていたようだ。

「ああ」

「いや、ほんと、すごいよ。かっこいい。これは、きっと大反響だよ」

マークは髪をかき分け、椅子の背にもたれた。画面に表示されているページは、サイト内部でのみ公開されるプロフィールのページである。ただし、今のところはサンプルページだ。サイトへの登録をし、自分の個人情報を入力すれば、このページを見ることができるようになる。画面上部には写真が表示される。利用者はここに、どんな写真でも表示できる。画面右側には、自分についての情報が表示される――入学年度、専攻、出身高校、出身地、所属クラブ、座右の銘、など。友達のリストもある。誰かに友達になってくれ、と頼むこともできるし、逆に誰かから頼まれることもある。他人のプロフィールを見て、見たことを知らせる機能もある。プロフィールには、もちろん「性別」を明記する欄もある他、参加目的（友情、恋愛、ネットワークを広げる、など）や、「交際ステータス（交際している相手がいるのかどうか、など）」、趣味は何か、どんなことに関心を持っているか、といったことを知らせる欄もある。

ザ・フェイスブックの核心は、プロフィールにある。他のすべての要素は、どれもプロフィールを活かすために存在すると言ってもいいだろう。友達が欲しいのか、恋人が欲しいのか、今、現在、恋人はいるのか、何に関心があるか……自己紹介をする際には、どれも重要な情報となる。大学生活を送る上で、何より重要な情報かもしれない。パーティーに出ていても、教室にいても、寮の部屋にいても、学生の生活には、こうした要素が大きく影響する。キャンパス内を動き回る学生たちの「原動力」とでも言うべきかもしれない。

オンラインであっても、リアルであっても、大学内の「ソーシャルネットワーク」を動かす最大の要因が、「セックス」である点は同じだろう。ハーバードは世界でも最も閉鎖的で、あまり「社交的」ではない学校だと思われるが、セックスへの関心が高い点では他と何も変わりはない。「やれるかやれないか」が学生にとってとても重要なのだ。ファイナルクラブに入りたがる学生が多い理由もそこにある。受ける授業を選ぶ時にも、ダイニングホールで座る席を決める時にも、皆、それを考える。ザ・フェイスブックにしても、突き詰めれば、それが出発点ということになるだろう。根本はやはりセックスなのだ。

マークはさらにキーを叩き、利用者がfacebook.comにアクセスした時に最初に見ることになるページを表示した。エドゥアルドは、画面上部のダークブルーの帯と、やや色が明るくなった登録、ログインのボタンをじっと見た。まさに狙いどおり「シンプルですっきりした」画面になっている。光が点滅したり、ベルの音が鳴ったりして、苛立たしい思いをすることもない。この画面は、サイトを使う利用者にどんな未来が待ち受けているのかを象徴しているとも言える。いきなり特別派手なことが起きるわけではないし、圧倒されてしまうような体験や恐ろしい体験をすることもない。あくまで、「シンプルですっきり」したサイトなんだよ、と暗に知らせているのだ。

［ザ・フェイスブックへようこそ］

ザ・フェイスブックはオンライン人名簿です。大学内の人たちと交流でき、人的ネットワークを作ることができます。

ハーバード大学に通う人なら誰でも利用できます。

ザ・フェイスブックではこんなことができます。

- 学内で人探しをする。
- 自分が取っている授業にどんな人がいるかを調べる。
- 自分の友達にどんな友達がいるかを調べる。
- 自分の人的ネットワークを一覧する。

利用したい方はまず、下のボタンをクリックして登録をしてください。登録が完了すれば、ログインできます。

「で、ログインには」エドゥアルドは言った。彼の影が揺れ動く。影は、コンピュータの画面のほとんど全体を覆っている。「Harvard.edu ドメインの e メールアドレスがいるんだね。それからパスワードは自分で決める、と」

「その通り」

「Harvard.edu ドメインの e メールアドレスがいる、というのがポイントだな」とエドゥアルドは思った。ハーバード大学の学生しか持っていないアドレスだから、つまりハーバード大学に入学しない限り、サイトを利用することはできない。排他性を持たせた方がサイトの人気は高まるのだ、ということをマークもエドゥアルドもよく知っていた。自分についての情報を入力しても、それが閉じたシステムの中にとどまり、外に公開されることがない、というのが大切である。プライバシーは重要だ。入力した情報が自分の手の届かないところに行ってしまうようだと困る。パスワードを自分で決められるということも絶対に必要だった。アーロン・グリーンスパンは、ハーバードの学生IDをパスワードとして強制的に使わせたために、面倒な事態を招いてしまった。マークは、その件でグリーンスパンにメールも出している。自分の経験、特に理事会とのゴタゴタについて知らせたのだ。すると、グリーンスパンはマークを仲間にしようとした。ウィンクルボス兄弟とまったく同じだった。皆、マークを一面的にだけ見て、仲間に引き入れようとする。しかし、マークには他に仲間は必要ない。仲間なら、もう、目の前にいる。

「で、これは何？　一番下のやつ」

エドゥアルドは身をかがめ、小さな文字を目を細めて読んだ。

製作：マーク・ザッカーバーグ

どのページにも、一番下に、そう表示される。マークの署名が誰の目にも入るようになっているわけだ。

エドゥアルドはたとえそれを不満に思ったとしても、口に出すことはなかった。出せるわけがない。マークは必死で働いていた。何時間も何時間もひたすらプログラムを書き続けた。今がいつなのか、どのくらい時間が経ったのか、彼にはもはやほとんどわからなくなっていた。まともに食事も摂っていないし、まともに眠ってもいない。授業も半分くらいは出ていないはずだ。成績も、このままだと惨憺《さんたん》たるものになってしまう危険性が高かった。たとえば、マークは、「アウグストゥス時代の芸術」というコア科目を取っていたが、まず確実に単位を落としてしまう状況だった。何しろ、その結果で単位が取れるかどうかが大きく左右される試験がいつなのかさえ、ろくに覚えていない有様だったのだ。そもそも勉強する時間がない。

そこでマークは、状況を打破しようと、とんでもない方法を考え出した。ウェブサイトを作って、そこに試験に出てきそうな芸術作品の写真を載せ、同じ授業を取っている学生たちに一つ一つについてコメントを募った。それをいわば「アンチョコ」に使ったわけだ。要するに、他の学生たちに、自分の代わりに勉強させたようなものだ。何とかそれで試験は乗り切り、単位も取れた。

だが、今、こうして成果物を前にすると、すべての苦労が報われた気分になる。ウェブサイトは完成した。ドメイン名 facebook.com も二週間ほど前の一月一二日に登録した。サーバのレンタルの申し込みも済ませた。一ヶ月八五ドルほどで、ニューヨーク州北部の企業と契約をした。トラフィックが増えた時の対応も、保守もすべて向こうでやってくれる。フェイスマッシュの時のようなことはこりごりだった。あの時は、トラフィックが増えすぎて、サーバにしたノートパソコンが止まってしまった。サーバの容量は相当なもので、トラフィックが多すぎて止まるなどという心配はそもそもないだろう。たとえフェイスマッシュくらいにアクセスが殺到したとしても、問題はない。facebook.com がいよいよ運用開始する。

「さあ、始めよう」

マークは、そばのノートパソコンを指差した。ノートパソコンは、デスクトップパソコンの隣の机に、開いて置いてあった。エドゥアルドはマークの横に移動して、前かがみになってキーボードに向かった。キーを叩く度に、逞しいとは言えない彼の肩が動く。彼は急いで、eメールのアドレス帳を開き、上の方に表示されている名前を何人か指差して言った。

「この連中はみんなフェニックスのメンバーだよ。こいつらにメールを送ったら、あっという間に知れ渡るよ」

マークはうなずいた。サイトの運用開始を、まずフェニックスのメンバーに知らせよう、というのはエドゥアルドのアイデアだった。彼らは、キャンパス内では、いわば「社交界のスター」だし、そもそもザ・フェイスブックは、社交のためのサイトだ。彼らがサイトを気に入って、友人に教えれば、すぐに知れ渡るだろう、と考えたのだ。それに、フェニックスの連中には、女の子の知り合いも多かった。もしマークが、自分の知り合いだけにメールを送ったとしたら、コンピュータサイエンス科の中をぐるぐるとまわることになるだろう。あとはユダヤ人のフラタニティだが、どちらにしても、女の子が（いないわけではないが）とても多いとは言えない。それは問題だろう。

それよりはフェニックスのメンバーにメールを送る方がはるかにいい。それに加え、マークが合法的に利用できるカークランドハウス寮のアドレスリストを使えば、サイトは良いスタートを切ることができるはずだ。

「よし」エドゥアルドは、少し声を震わせて言った。「じゃあ、行くよ」

書いたメールは簡潔なものだった。サイトを紹介する文章が数行と、ザ・フェイスブックへのリンクだけだ。メールを書き終えるとエドゥアルドは深呼吸をし、キーを叩いた。すぐに大量のメールが一斉に送信された。

終わった。エドゥアルドは目を閉じ、情報のパケットが世界に飛び出していくところを想像した。電子の情報をのせたパケットは銅線を流れ、人工衛星に飛ばされ、イーサネットケーブルを通ってコンピュータからコンピュータへと広がっていく。まるで全世界にまたがる大きな神経系があって、その中の一つ一つの神経細胞間で情報がやりとりされるかのように。

ウェブサイトがついにできたのだ。


生きている。

動いている。


エドゥアルドはマークの肩に手を置いた。マークは驚いたようだった。

「飲もう！　お祝いだ！」

「いや、僕はここにいるよ」

「嘘だろ。今日はフェニックスに、女の子が何人も来るらしいよ。『ファックトラック』に乗せて連れてくるって」

マークは何も答えなかった。エドゥアルドはもう、マークの表情から、彼が自分の話を聞いているのか、それともただの雑音にしか聞こえていないか、わかるようになっていた。何を言っても、彼には、壁際の暖房機の運転音や、窓の外の通りを走る車の音と同じようにしか聞こえない時があるのだ。

「ここにいて、ずっとコンピュータの画面を睨んでるっていうのか？」

やはりマークは何も答えない。コンピュータに向かったまま、ぶつぶつ言いながら少し頭を動かしたくらいだ。

腑には落ちないが、エドゥアルドは、この変わった友達の人間性を勝手に判断しないようにしていた。飲みに行かなくても不思議ではない。マークは昼も夜も働いて、こうしてザ・フェイスブックを立ち上げたのだ。本人が一人座ってコンピュータの画面を見ていたいのなら、当然、そうする権利があるはずじゃないか。

エドゥアルドは、マークから離れ、音を立てないように小さな寝室を横切った。出口のところで立ち止まり、ドアの枠を、指を伸ばして軽く叩いた。マークは振り返らない。エドゥアルドは肩をすくめ、前を向いて、マークを残して部屋を立ち去った。

静寂に包まれたマークは、視線をコンピュータの画面のあちこちに移動させながら、自分だけの思索の世界へと没入していった。

第一四章　寝耳に水

二〇〇四年二月九日。タイラーは集中力を極限まで高めていた。目は閉じている。呼吸は荒い。背中や、脚、腕、全身の筋肉が激しく動き、波打っている。オールを握る指は白くなっている。オールのブレードは、まるで水を切るように上下し、水面を出たり入ったりしていた。しかも、波紋はほとんどできない。数フィート後ろのキャメロンもまったく同じだ。二人同時に、まったく同じ動きを何度も何度も繰り返す。タイラーの耳には、チャールズ川の土手に集まったファンの声援が今にも聞こえてきそうだった。橋がどんどん、どんどん近づいてくるのが目に見えるようでもあった――。

「タイラー！　これを見てくれよ！」

その声で、集中力の糸がプツリと切れた。オールを持つ手はふらつき、大きな水しぶきが上がり、トレーナーもズボンもずぶ濡れになった。タイラーの目は大きく見開かれていたが、目の前に見えていたのは、チャールズ川の土手ではなかった。彼は、ニューウェルボートハウスの中にいたからだ。このボートハウスは、一九〇〇年からずっとハーバードのクルーたちの本拠地となっている場所である。

目の先には、ホールのような部屋があった。壁に沿って、先輩クルーたちの記念品が並んでいる。

オールや船体、トレーナー、額に入った白黒の写真。トロフィーでいっぱいの棚。そして、怒った顔をしたインド人青年が一人。タイラーから二、三メートル離れたところに立ち、大学新聞『ハーバード・クリムゾン』を手に持って高く掲げている。

タイラーは瞬きして、オールをおろし、頬の水を拭った。後ろを振り返ってみると、キャメロンもすでに漕ぐのをやめていた。二人が座っていたのは、ニューウェルボートハウスの最新設備だった。簡単に言えば、室内練習用のプールで、「タンク」と呼ばれていた。プールには、コンクリート造りの八人乗り船体が備え付けてあり、船体の両脇には、漕ぐための水が入った大きな溝があった。こんな水槽の中にいて、ずぶ濡れになっている自分たちは、さぞかし滑稽に見えるのだろうな、とタイラーは思った。だが、ディヴャは、それを見ても、まったく笑ってはいない。タイラーはディヴャの手にある『ハーバード・クリムゾン』をじっとにらんだ。

「新聞がどうしたって言うんだ？」

ディヴャは新聞を差し出した。本当に怒っているらしい。手が震えている。タイラーは首を振った。

「読んでくれよ。ずぶ濡れなんだ。紙がくっついちゃうよ」

ディヴャはイライラしながら大きく息を吐いたが、すぐに新聞を開いて読み始めた。

「マーク・E・ザッカーバーグ氏（二〇〇六年卒業予定）は、ハーバードの公式名鑑の製作が遅いことにしびれを切らし、自らの手で名鑑を作ろうと決意した――」

「ちょっと待ってくれ」キャメロンが遮《さえぎ》った。「一体、何だそりゃ？」

「今日の新聞さ」ディヴャは答えた。「まあ聞いてくれ。『一週間に及ぶプログラミング作業の末、ザッカーバーグ氏はついに、先週水曜日の午後、ついにfacebook.comを立ち上げた。そのウェブサイトは、名鑑に詳細なプロフィール情報を付加したようなもので、学生は、受けている授業や、属している団体、ハウスなどを手がかりに他の学生を検索することができる』」

タイラーは咳き込んだ。先週水曜日の午後だって？　もう四日も前じゃないか。そんなウェブサイトの話はまったく聞いていない。しかし、兄弟はずっとトレーニングに明け暮れており、しばらくメールのチェックすらまともにしていなかったので、マークからメールが来ていたかどうかもわからない。

「とんでもない話だな」タイラーは言った。「奴がウェブサイトを立ち上げたって？」

「ああ、そうだ」ディヴャは言った。「ここに、奴のコメントも載ってる。『大学全体を網羅した名鑑については、ハーバードの学内でよく話題にのぼっていたが、あと二年待たないと、大学側が本腰を入れないという話を聞いて、バカらしいと感じた。自分でやれば、もっとましなことができる、一週間もあればできてしまうだろうと考えた』だって」

一週間でできるだと？「ハーバードコネクション」はなかなか完成させず、俺たちを二ヶ月も待たせたのに。プログラミングのための時間を取れないと言っていた。授業も忙しいし、休日にもやることがたくさんあると言っていたのに……ちくしょう、奴が俺たちに言っていたことは全部嘘だったんだ！　ほんの二週間前に、キャメロンはマークにメールを出している。「ハーバードコネクション」のデザイン上の問題について、意見を求めるためだった。返事はなかったが、大学の勉強で忙殺されているのだろう、くらいにしか考えていなかった。

タイラーは思った。なんだ、自分のウェブサイトを作る時間はあるのに、たった一〇時間で終わる俺たちのサイトのコーディングには、時間を割いちゃくれないのか？

「それだけじゃないよ。『ザッカーバーグ氏の話によると、facebook.com は昨日の時点ですでに六五〇〇人を超える登録者を集めたという。同氏の予測では、今朝までに登録者は九〇〇〇人に達する見込み、とのこと』」

なんてことだ。そんなことがあるわけがない。たった四日で九〇〇〇人の学生が登録したって？　どうすればそんなことが？　ザッカーバーグに九〇〇〇人も知り合いはいないだろう。タイラーが見る限り、ザッカーバーグの知り合いはせいぜい四人だ。タイラーから見れば、彼は友達もおらず、人付き合い自体、まったくしない男だった。そんな男の立ち上げた社交のためのウェブサイトが、四日間でそんな反響を得るなんてことがどうすれば可能になるのか。

「記事を読んですぐ、サイトを見てみたんだ。ほんとだったよ。大人気なんだ。使うにはハーバードのｅメールアドレスがいる。それから、自分の写真をアップロードして、色々と自分の情報を入力する。どんな授業を取ってるかも書く。どんなことに興味を持っているか、趣味は何か、なんてことを手がかりにして、友達を見つけられるし、ネットワークが作れる」

タイラーは気づくと、こぶしを握りしめていた。そのアイデアは、我々の「ハーバードコネクション」とまったく同じ、とは言えない。だが、タイラーの目から見ればまったく違う、というわけでもない。ハーバードコネクションンも、皆が自分の興味に基づいて、人を探すサイトだ。そして、ハーバード大学内部が主たる対象だ。ザッカーバーグは、我々からアイデアを盗んだのだろうか。それとも単なる偶然なのだろうか。我々のサイトの仕事もするつもりでいて、ただ自分のサイトを先に立ち上げてしまったというだけなのだろうか。

いや、そうではないだろう。これは、多分……泥棒だ！　そうとしか思えない。

「聞いた話では、奴は、友達に出資してもらったらしい。エドゥアルド・サヴェリンとかいうブラジル人だ。フェニックスのメンバーで、去年の夏に株か何かで儲けたらしい。それで今はサイトの共同所有者ってことになっているんだ」

「金を出したから？」

「だと思う」

「何で俺たちの方につかなかったのかな？」

ウィンクルボス兄弟が金を持っていることくらい、マークが知らないはずはなかった。兄弟がポーセリアンのメンバーであることも知っているに違いない。もしサイトを立ち上げるのに資金が必要ならば、タイラーやキャメロンに言ってくれれば、出すのは簡単なことだ。

ただし、その兄弟からネタを盗んでおきながらカネを出せと言われれば、話は違ってくる。マークは、取り組んでいるウェブサイトについて兄弟に知らせるわけにはいかなかった。なぜなら、作ろうとしていたサイトは兄弟が考えたものに酷似していたし、彼は兄弟に雇われていたのも同然だったからだ。厳密に言えば雇われたわけではないが――彼には、はっきりとカネの話をしていなかった。ただ兄弟が儲かれば、彼も儲かると言っただけだ。契約をしていたわけではないし、何か書面で約束したわけでもない。握手をしただけだ。

くそっ。タイラーはうつむき、プールの青緑色の水を見つめた。どうして、何か書面を作っておかなかったのだろう。そんな大したものじゃなくても、たとえ一枚の紙でも、簡単なものでもよかったのに。普通はそのくらいするものだ。なのに、俺たちは奴を安易に信じてしまったんだ。これでは奴にペテンにかけられたようなものだ。奴はあれこれと言い訳をしながら、だらだらと時間を稼いでいる間に、そっくりなサイトを自分で立ち上げてしまった。

「ここが一番大事なところだよ」ディヴャはそう言って、また『ハーバード・クリムゾン』を読み始めた。

「ザッカーバーグ氏は『このサイトには、プライバシーオプションがあり、個人情報の保護にも力を入れている。こういうことから、昨年秋に作ったウェブサイト、フェイスマッシュに対して怒った人たちにも納得してもらえるのではないか、キャンパス内での自分の名誉も少しは回復できるのでは、と考えている』と話した」

タイラーは手のひらでオールを叩いた。プールから水柱が上がった。

まるっきりと俺が奴に言ったことと同じじゃないか。ハーバードコネクションに協力すれば、名誉を回復できる、と俺は言ったんだ。まさにその言葉をマークは使った。俺たちをからかっているのかもしれない。

二ヶ月間、クリスマスを過ぎ、冬休みも過ぎる間、マークは、のらりくらりと自分たちの催促をかわしながら、ずっと自分のウェブサイトを作る作業をしていた――タイラーの目にはそういうふうにしか見えなかった。この間のミーティングでも、いつになったら終わるのか明確な答えは得られなかった。それから二週間も経っていない今、ザ・フェイスブックは立ち上がったのだ。

アイデアを盗まれた。タイラーにはそう見えた。ザ・フェイスブックの基礎となるアイデアは自分たちのものだ、と思った。

「どうすればいいかな」キャメロンは言った。

どうすればいいかはタイラーにもわからなかった。しかし、ただ手をこまねいているわけにはいかない。コソ泥がいるのを知っていてみすみす逃がすわけにはいかない。

「ともかくまずは電話だ」

タイラーは受話器を手にした。キャメロンとディヴャは、数フィート離れた机のところにいて、タイラーのデスクトップパソコンでザッカーバーグのサイトを見ている。青い帯の画面が目に入る度、頭に血が上り、タイラーの頬は熱くなった。こんなのは間違ってる。ちくしょう、こんな卑怯なことが許されてたまるか。

タイラーの父は三回目の呼び出し音で電話に出た。タイラーが世界で誰よりも尊敬しているのが、この父だ。一代で財を成した億万長者である。彼の経営するコンサルティング会社は、ウォールストリートでも最高の成功を収めていた。彼の父ならば、こんなトラブルに対処する方法を知っている。

タイラーは早口で、何が起きたのかを詳しく話した。父もハーバードコネクションについては、プロジェクトが動き始めた二〇〇二年の一二月から知っている。タイラーは父に、自分たちとザッカーバーグの関わりについて話し、『ハーバード・クリムゾン』で読んだことも話した。それから、彼自身とキャメロン、ディヴャが実際にザ・フェイスブックにログインしてみて感じたことも話した。

「俺たちの考えていたことに、本当にそっくりなんだよ、父さん」

タイラーがとりわけ重要視したのは、ザ・フェイスブックの排他的な特徴だ。それが、フレンドスターなど他のソーシャルネットワークサービスとの大きな違いだ。

マークのサイトに入るには、ハーバードのｅメールアドレスを持っていなくてはならない。これは、ハーバード大学を中心としたウェブサイトという、俺たちのアイデアと根本の部分で同じじゃないか。ハーバード大学のｅメールアドレスを持っている人間ならば誰でもアクセスできる、という発想自体は、確かに斬新だし、それが、今のところ成功をしている大きな理由だろう。メールアドレスを持っているか否かという基準で一種の「スクリーニング」が行われ、それがサイトを排他的かつ安全な場所として保つのに役立つ。マークがザ・フェイスブックに組み込んだ機能の多くは、彼独自のアイデアによるものだろう。だが、もともとのアイデアは、タイラーの目には自分たちのものとあまりに似通っているように見える。

マークと彼らは三度、顔を合わせている。やりとりしたメールは五二通になる。そのすべてがまだ、キャメロン、タイラー、ディヴャのコンピュータに残っている。

マークは彼らのコードを見ている。それは立証できる。彼は、ヴィクターが途中まで作ったサイトを見ているし、どうやって完成させていくのか、その計画を彼らに詳しく話している。

「金の問題じゃないんだよ」タイラーはそう言った。「どっちのサイトにしたって、金が稼げるかどうかは誰にもわからない。でも、こんなのは間違ってる。卑怯だよ」

そんな理不尽なことが人間社会でまかり通るはずがない。タイラー、キャメロンの兄弟は、ずっと、秩序というものの重要さを信じて育ってきた。何をするにせよルールは絶対に守らなくてはならない。ルールを守って真面目に懸命に働いたものは、それに見合う報酬を受け取れる。マークの住むハッカーの世界は違うのかもしれないが。コンピュータギークたちの目には、世界は違った場所に見えるのかもしれない。ハッカーの世界では、欲しいものは何でも手に入れていい、したいことは何でもしていい、ということか。

フェイスマッシュのようなふざけたサイトを作ることもそうだし、ハーバードのコンピュータシステムに侵入してデータを盗む、なんてこともそうだ。権力をあざ笑うような行動、新聞のインタビューで他人の言葉をさも自分が発したように振舞うことが、彼らの世界ではよしとされるのか。そんなことが許されていいはずはない。

ハーバードでそれは許されない。秩序を重んじるのがハーバードだ。そうじゃないのか?

「会社の顧問弁護士にお前のことを話しておこう」タイラーの父は言った。

タイラーはそれでひとまず収まった。深呼吸をして、無理にでも落ち着こうとした。

弁護士、そうだ、今、必要なのは弁護士だ。プロに協力してもらって、今、何ができるかを考えていこう。それで遅すぎるということはないだろう。正義を通す方法が何かあるはずだ。

第一五章　警告状

上から見下ろすと、演壇の後ろに立つ男は小さく見えた。背中を丸めていて、顔をマイクに近づけすぎている。型の崩れたセーターから、華奢な肩が突き出ている。髪型は、ボウルをひっくり返したようで、前髪は目に入りそうなほど伸びている。大きすぎる眼鏡が少し染みのある顔を覆っていて、表情、感情がはっきりと読み取れない。スピーカーから聞こえる彼の声は少し甲高く、鼻声でもあった。また話は時に一本調子で間延びした感じにもなった。喉《のど》だけで話し、腹から声が出ていないので、一つ一つの音が明瞭に聞こえてこない。

彼の話し方自体は、決して褒められたものではない。それでも、ローウェルレクチャーホールのステージに彼が立ち、青白い手で演壇を叩き、七面鳥にも似たその首を上下させるだけで、会場を埋めた聴衆はこの上もない喜びを感じ、元気づけられるのだ。話し方が単調でも、取り立てて気の利いたことは言わなくても、うっとりさせられる。

聴衆のほとんどは、コンピュータサイエンス科の「ギーク」たちだ。他には起業に野心を燃やす経済学専攻の学生もいる。誰もが、彼の一言一句を聴き入っていた。彼らは、この、ボウルをひっくり返したような頭をした一風変わった男の「信者」であり、彼らにとって、演壇の向こうにいる男は「神」であった。

マークと隣り合って座ったエドゥアルドは、バルコニー後列の席から、ビル・ゲイツが聴衆を魅了する姿を見つめていた。ビル・ゲイツの態度はぎこちなく、いかにも内向的な印象ではあったが、それでも時折はユーモラスな発言もあった。

「なぜ僕がハーバードからドロップアウトすることになったのかというと、自分には授業に全然出ない、という悪い癖があってね……」

また、格言めいたことも話した。

「人工知能には未来がある」

「次のビル・ゲイツはこの中にいる。この部屋の中にいるんだ」

しかし、エドゥアルドが何より注目したのは、ビル・ゲイツを見るマークの態度だ。大学を離れ、会社を興す決意をした時のことについて尋ねる質問が出たときのやりとりを、マークは熱心に聞いていたのだ。軽い咳払いをし、しばらく口ごもった後、ビル・ゲイツはこう答えた。

「ハーバードの素晴らしいところは、いつでも戻ってきて卒業ができるというところだ」

答えを聞いた時、マークは笑ったように見えたが、その表情を見ると、エドゥアルドは不安にかられた。できたばかりのウェブサイトを維持するためだけに、マークが今どれほど働かなくてはならないか、それを考えると余計に不安になるのだ。

エドゥアルド自身がドロップアウトすることは絶対にあり得ない。そんなことをすれば父親が激怒するのは間違いない。サヴェリン家の人間にとっては、学業が最優先だ。ハーバードに入っても、学位を得て卒業しなければ何の意味もない。

それに起業はリスクを伴う。「起業」とは、「リスクを取ること」であることはエドゥアルドも十分に理解していた。だが、いくらリスクを取らねばならないと言っても、程度というものがある。自分の未来のすべてを、何か一つのことに賭けてしまう、というわけにはいかない。その「何か」が、方法によっては確実に、自分が金持ちになることにつながるのでなければ。

エドゥアルドは、ビル・ゲイツを見るマークの様子を見るのに精一杯で、自分の席の真後ろからクスクス笑う声もなかなか耳に入らないほどだった。クスクス笑い、その後に何やらささやいたのが女の子だとわからなかったら、振り返って見ることもしなかっただろう。

ビル・ゲイツが、満員の聴衆から次々に出る質問に応え、だらだらと話し続ける。エドゥアルドは、振り返って後ろを見た。真後ろの席は空いていたが、さらに後ろの列に、二人の女の子がいた。笑いながら、こちらを指差している。二人ともアジア系で、美人だったが、この講演会に来るにしては化粧が濃かった。背の高い方は長い黒髪をポニーテールにしていて、ミニスカートをはき、白いシャツを着ていたが、シャツの上のボタンを一つ外していて、前が開いていたので、赤いレースのブラジャーが少し見えた。白いシャツと日焼けした滑らかな肌のコントラストがとても美しい。もう一人も、同じようなミニスカートと、それに黒のレギンスをはいている。綺麗なふくらはぎのかたちを見せびらかしているように思える。アイシャドウは濃すぎるが、真っ赤な口紅をつけ、二人ともすごくかわいい。その二人が、笑顔でエドゥアルドの方を指差している。

正確には、指をさされていたのはエドゥアルドとマークだった。背の高い方の子が、空いている席に向かって前かがみになり、マークに聞こえないようにエドゥアルドの耳元でささやいた。

「あなたの隣にいる彼って、マーク・ザッカーバーグよね？」

エドゥアルドは驚いて眉をつり上げた。

「マークと知り合いなの？」こんなことは初めてだった。

「そうじゃないけど、彼ってフェイスブックを作った人でしょう？」

エドゥアルドは、胸が騒ぐようなことが起きそうな予感がした。彼女の息の温かさを感じる。香水の匂いもした。

「ああ、というか、フェイスブックは、僕ら二人のものだよ。マークと僕」

元々、「ザ・フェイスブック」と、正式には"The"がついていたのだが、皆、単に「フェイスブック」と呼んでいた。まだ、立ち上がって二週間ちょっとなのに、もう、誰も彼もがメンバーになっている、という感じだった。実際に、学生の大半が加入していた。マークによると、もうメンバーは五〇〇〇人に達したという。学部生の実に八五パーセントが、すでにザ・フェイスブックにプロフィールを載せていた。

「ふーん、それは素敵ね」女の子は言った。「私はケリー、こっちはアリス」

女の子たちと同じ列の学生たちがこっちを見ている。しかし、ひそひそ話でビル・ゲイツの話が遮られて怒っている、という様子ではない。他にも友達に何やらささやいて、こっちの方を指差している学生がいた。ただし、指差しているのは彼ではなく、マークだ。

今やマークは誰もが知る存在となった。それは大学新聞『ハーバード・クリムゾン』のせいだ。ザ・フェイスブックのことを何度も記事にしていたのだ。この一週間だけで三回記事になった。サイトについてのマークの談話だけでなく、写真を載せることも多かった。誰もエドゥアルドにはインタビューしない。それでも彼はいいと思っていた。マークは世間の注目が欲しいのかもしれないが、エドゥアルドは、注目が集まって利益があがるのならそれでいいが、自分の存在が注目されることは望んでいなかった。自分たちがやっているのはあくまでビジネスなので、人に知ってもらうことは大事だが、エドゥアルド自身が有名人になりたいわけではなかった。

とは言うものの、実際は有名人になりつつあった。また立ち上がって間もないザ・フェイスブックは、ハーバードの学生の生活を大きく変えてしまった。学生たちの日常生活の中に入り込み始めていたのである。朝、起きるとまずザ・フェイスブックのページを開いて、誰かが「友達になりませんか」と言ってきていないかを確認する。また、「友達になりませんか」という申し出が受け入れられたか拒否されたかを確認する。そのあと、外出して授業などに出て、帰宅すると、教室で見かけた女の子、あるいはダイニングホールで見かけた女の子がいないかを探す。

ザ・フェイスブックで検索をかけて、お目当ての子が見つかったら、「友達になりませんか」というリクエストを送信するのだ。その時、簡単なメッセージを付け加えることもできる。いつ、どこで見かけたかを伝えてもいいし、趣味や興味の対象が同じであることを知らせてもいい。あるいは、あえて何のメッセージもなしにリクエストを出すのも手だ。それで向こうが自分の存在を知っているかどうかを確かめることもできるだろう。彼女がザ・フェイスブックを開いた時、リクエストを目にして、写真を見て、ひょっとするとリクエストを受け入れて友達に追加してくれるかもしれない。

本当に驚くべきツールだった。とにかく人づき合いが円滑になるのだ。すべてが早い。とはいえ、ザ・フェイスブックは出会い系サイトではない。そこがフレンドスターなどとは違う、とエドゥアルドは考えていた。フレンドスターや、当時アメリカで全国的人気が広がっていたマイスペース（Myspace）は、ザ・フェイスブックと同じように「ソーシャルネットワーク」を名乗ってはいるが、元々はまったく面識も接点もなかった人たちといきなりつき合おうとする、ということが多い。一方、ザ・フェイスブックの場合は、一応どこかで接点のある人に「友達になりましょう」と誘うのだ。相手のことを「よく知っている」というわけではないにせよ、一応、接点はある。たとえば、それはクラスメートだったり、友達の友達だったりする。参加するネットワーク、参加してくれと頼まれるネットワークは、必ず、あらかじめどこかで接点のある誰かがすでに加わっているネットワークなのだ。

それこそがザ・フェイスブックの最大の特徴である。それを発想し、実現できたのは、もちろんマークの才能のおかげだ。だが、エドゥアルドは自分の貢献もそれなりにある、と思っていた。サーバのレンタル資金を出したということもそうだが、サイトの方向性をマークと話し合い、意見も言ったのだ。一見、単純な構造のサイトだが、そこには多くのアイデアが盛り込まれている。そんなアイデアのうちのいくつかは自分のものだ、と思っていた。

エドゥアルドもマークも当初、ザ・フェイスブックに強い「中毒性」があることには気づいていなかった。サイトに一回ログインしただけでは済まないのだ。毎日繰り返しチェックしてしまう。何度も何度も来て、色々と書き加える。プロフィール情報を修正したり、写真を変えたり、そして何より、友達を増やしたくなる。大学生活の大部分をインターネット上に移してしまったようなものだ。ハーバード大学内の人と人との関わりも大きく変えたのだ。

ただ、まだビジネスにはなっていなかった。注目され、たくさんの人を集めるのに成功したというだけだ。エドゥアルドには、ビジネス化に関していくつかアイデアがあった。ビル・ゲイツの講演会の後、マークの部屋で話し合うことになっている。

まず、広告収入を考えなくてはならない。それにはマークを説得する必要がある。ザ・フェイスブックで手っ取り早く金を稼ぐには広告を出すことだ。説得が難しいことはエドゥアルドもよくわかっていた。マークはただ、サイトを楽しい場所にしたいとしか考えていなくて、それで金を稼ごうという気持ちにはまだなっていないらしい。さすがは、ハイスクール時代、百万ドル単位の資金提供を断った人間だ。果たしてこんな人間がザ・フェイスブックで金を稼ごうとするだろうか。

エドゥアルドの考えはマークとは違っていた。ザ・フェイスブックを続けるにはコストがかかる。今はたいしたコストはかかっていない。サーバのレンタル代金くらいなものだ。しかしこの先会員が増えてくると、それだけコストもかさむ。エドゥアルドが最初に出資した一〇〇〇ドルだけでずっと続けることはできないだろう。

何か利益を得る方法を考えなければ、、このままではただの目新しいおもちゃである。価値は確かに高まっているが、価値を金に換えるには、広告を出さなくては。必要なのはビジネスモデルだった。二人でじっくりと腰を据えて話し合わなくてはいけない。重要なのは、マークがエドゥアルドにすべてを任せてくれるかどうかだ。エドゥアルドはサイトで大きく稼げるよう最大限努力したいと思っている。思いどおりにさせてくれればいいのだが。

「会えてとても嬉しいよ」エドゥアルドは女の子たちにささやいた。するとまた二人はクスクス笑った。背の高い方――ケリーだ――は、さらに身を乗り出し、エドゥアルドにもう少しで唇が触れそうなほど近づいた。

「帰ったらフェイスブックで連絡してね。あとで飲みに行きましょう」

エドゥアルドの顔は真っ赤になった。マークの方を見ると、彼はこっちを見ていた。マークも女の子たちに気づいたのだが、話しかけようとはしなかった。彼はちょっと眉を上げただけで、すぐに何事もなかったように自分のアイドルであるビル・ゲイツの方に向き直った。

その二時間後、エドゥアルドとマークはカークランドハウス寮の部屋に戻った。エドゥアルドは手持ちぶさたな感じで、部屋の隅の小さなテレビの上に積み上げられたコンピュータの本を手に取ったりしていた。マークは、もう古くなった安物のソファに身を沈めていた。ルームメート全員の共用スペースに置かれたソファである。共用スペースの設備はどれも安物ばかりだ。マークは、靴下もはいていない足をソファの前の低いコーヒーテーブルにのせていた。彼はそこではじめて、さっきの女の子のことを口にした。

「あのアジア系の子たち、すごくかわいかったね」

エドゥアルドは、本のページをめくりながらうなずいた。

「ああ、今晩、僕たちに会いたいって言ってたよ」

「そりゃ楽しそうだね」

「そうだね――マーク、ところでこれは何?」

エドゥアルドが本を取り出した時、下に置いてあった紙が滑り落ちたのだ。紙は表を上にして、エドゥアルドのイタリア製の革靴の上にのっていた。少しかがんで見てみると、何か「法律的」なことが書かれているのがすぐにわかった。

それは、コネティカット州のどこかの弁護士事務所からの手紙だった。非常に深刻な内容のように思える。マーク・ザッカーバーグ宛にはなっているが、冒頭を読んだだけで、自分にも関係があることだとエドゥアルドは悟った。"Facebook"という言葉は見落としようがない。同時に「損害」とか「不正流用」などという言葉も目についた。

差出人:キャメロン・ウィンクルボス
送信日時:2004年2月10日火曜日9・00 PM
宛先:マーク・エリオット・ザッカーバーグ
件名:重要通知

マーク、

君がTheFacebook.comというウェブサイトを立ち上げたことは、我々(タイラー、ディヴヤ、そして私自身）も知っている。それより前に、君は、我々が独占所有権を持つウェブサイト（ハーバードコネクション）の開発に協力してくれる、ということで合意をしていたはずだ。また、その開発を一定の期間内に終えなくてはいけないことも了解済みだったはずだ（我々には、残り時間が少ないこと、その残り時間で必ず立ち上げなくてはいけないことはわかるだろう）。

過去三ヶ月間、合意に反して、君は我々に物質的損失を与えた。我々は君の嘘、虚偽の言葉を信用していたのだが、君は、我々のウェブサイトの開発を先延ばしにしながら、我々に通知せず、同意も得ず、別の行動、つまり、君自身のウェブサイトの開発を進めていた。そして、そのウェブサイトは、我々のサイトに対して不当な競争を強いるものである。この損害は金銭によって償われるべきもの、と断言できる。君は、我々のアイデア、思考、構想、調査結果、我々の作業生産物を不正に流用した。

今回の件を我々は弁護士に通知しており、以上の法的根拠に基づき行動を起こす用意がある。また、ハーバード大学理事会に対しても、学生便覧に明記された倫理行動規定にもとる君の行動に関して申し立てをする用意がある。大学は、学友に対する時、正直、率直であるよう我々に求めているが、君はそれを裏切ったのだ、ということを言っておきたい。他人の財産や権利に敬意を払わず、他人の尊厳に対しても敬意が欠けていた。

不正流用に関しては、倫理規範に照らしても、法律に照らしても、訴訟を起こすことが可能と考えられる。

差し当たっては、以下の行動を君に取ってもらいたい。そうすれば、すぐに訴訟に持ち込むことはしない。そうしてもらえれば、我々は君のウェブサイトについて精査した上で取るべき行動を決めることになる。

1 ザ・フェイスブックのこれ以上の拡張、更新を止める。
2 君が1の行動を取っていることを我々に書面で伝える。
3 また、我々の作業生産物、我々との合意、今回の要求について、第三者に口外しないことを書面で伝える。
4 今回要求している行動は、二〇〇四年二月一一日水曜日午後五時までに必ず取ること。

君が上の要求に応えてくれた場合でも、自らの権利を守り、君から被った損害を回復するための行動を検討する権利を我々が有することに変わりはない。だが、協力してもらえれば、我々の権利がこれ以上侵害され、我々がこれ以上損害を被ることは防げる。

君の行動が少しでも要求に満たない場合、我々は、法律、倫理、両面で即座に行動を起こすことになる。何か疑問な点があれば、eメールで尋ねてもらってもかまわないし、会合を設定してもらってもかまわない。

キャメロン・ウィンクルボス

学内郵便にてハードコピーも送付する。

「なんか、サイトの停止を求める警告状、ってことらしいよ」

マークは、手を頭の後ろで組み、ソファの背にもたれてつぶやいた。

「あの子たち、名前は？ 僕は小さい方が好きだな」

「これ、いつ来たんだよ」

エドゥアルドはマークの質問を無視して言った。頭に血が上っていた。すぐに手紙を拾って、急いで読んだのだが、文面から、相手が激怒していることがわかる。非難の言葉だらけだ。そして、怒っているのが誰かも最後にはっきりと書かれている。ウィンクルボス兄弟が、彼らのウェブサイト、「ハーバードコネクション」の件で怒っているのだ。彼らは、マークが自分たちのアイデアとコードを盗んだ、と主張している。そして、マークとエドゥアルドに、ザ・フェイスブックを閉鎖しろ、そうしなければ訴えるぞ、と言っているのだ。

「一週間前さ。サイトを立ち上げてすぐだ。eメールも送ってきた。学校にも訴えるってさ。僕がハーバードの倫理規定に違反してるって言うんだ」

なんてこった。エドゥアルドはマークをじっと見たが、いつものとおり、表情に乏しく、何を考えているのか読み取ることはできない。マークがウィンクルボス兄弟のアイデアを盗んだって？あの出会い系サイトのアイデアを？ザ・フェイスブックを閉鎖しろって？

そのことでマークを訴えるなんてことが彼らにできるのだろうか。確かに、マークは彼らに会い、メールもやりとりした。最初に言ったとおりに作業をしていない、という彼らの主張は嘘ではない。しかし、契約書にサインしたわけでもないし、コードを書いたわけでもない。

それに、エドゥアルドの目から見れば、ザ・フェイスブックと彼らのサイトは大きく違っている。どちらもソーシャル・ネットワーキング・サービス（SNS）と言えばそうかもしれない。だが、SNSは何十とあるのだ。何百、とまではいかないだろうが。今SNSを製作している、なんて人間はコンピュータサイエンス専攻の学生の中にいくらでもいるだろう。アーロン・グリーンスパンのように、サイトのセクションに〝フェイスブック〟という名前をつけている人間だっている。SNSができるたびに、お互いに訴え合わなくちゃいけないってことか？ただアイデアが似ているってだけで？

「三人とは話をしたよ」マイクは言った。「手紙の返事も書いたよ。学校にも手紙を出した。ほら、そこの本の下にはさんである」

エドゥアルドは、テレビの上に積んである本の山に手を伸ばしてみた。確かに紙がはさんである。マークが大学に送った手紙だった。ざっと読んでみて、驚いた。と同時に嬉しくもあった。ウィンクルボス兄弟の主張に対するマークの正直な気持ちが、その手紙で少しわかったからだ。マークは大学に対し、はっきりと、ザ・フェイスブックはウィンクルボス兄弟に頼まれた仕事とはまったく関係がないと言い切っていた。

プロジェクトの話をもらった時、最初は確かに面白そうだと思いました。頼まれたのは、ウェブサイトの「出会い」セクションのプログラムを完成させることでした……私が〝ザ・フェイスブック〟を作り始めたのは、彼らとの最後のミーティングの前ではなく、後です。彼らのサイト「ハーバードコネクション」のコードや機能は一切使っていません。両者は完全に別の事業です。ミーティングで話に出たアイデアを流用した、などということは絶対にありません。

さらにマークは、最初のミーティングの時、自分は騙されていたと感じている、とも述べていた。

彼らは、自分たちのプロジェクトがどんなもので、彼に何をして欲しいのか、ということを正しく伝えていなかった、というのだ。

最初の話では、これは営利を主たる目的としたプロジェクトではない、と理解していました。最大の目的は、ハーバード大学における人間関係を円滑にすること、その手助けをするサイトを作ること、だと考えていました。しかし、徐々に、私の理解は正しくなかったのだ、とわかってきました。

マークは、「自分は彼らを騙してなどいない」ということもはっきりと書いていた。

一月に会った時に、サイトについての私の懸念（フロントエンドに問題があること、最初に思った以上に多くのプログラミング作業が必要になること、必要な機能を提供するにはハードウェアの能力が不足していること、サイトに立ち上げ当初から多くの人を集めるには宣伝が不足していること、など）を彼らに伝えました。他のプロジェクトもいくつか抱えていること、そちらを終わらせることの方が、彼らのサイトの作業よりも優先度が高いこと、も伝えました。

マークは手紙の最後に、兄弟からの「脅し」には、正直言ってショックを受けた、とも書いていた。キャメロン、タイラー、ディヴャとは、カークランドハウス寮のダイニングホールで少し会って、メールも何度かやりとりした、という程度の付き合いなのに、こんな脅しを受けるとは思わなかった、という。彼らの申し立ては、「迷惑」であり、誰かがちょっと成功したからと言って、臆面もなく金をせびる態度には呆れる、とも書いていた。

最後の表現はちょっと大げさだ。ザ・フェイスブックはまだまったく誰にも金銭的利益をもたらしていないのだ。それにウィンクルボス兄弟は別に金銭的に損をした、というわけでもない。とはいえ、マークがここまではっきりと、自分の意見を言っているのは嬉しかった。

エドゥアルドは少し気持ちをしずめ、マークの手紙を「警告状」とともに、本の山の中に戻した。マークが恐れていないのであれば、自分も恐れる必要はないだろう。兄弟とは面と向かって話したことはないし、プログラミングのことはわからないけれど、マークの話を聞いただけで、二つのサイトの違いはすぐにわかった。マークの言うとおりだとすれば、これはまるで、誰かが新しい椅子をデザインした、というだけで家具メーカーが訴訟を起こすようなものだ。椅子は次々に色々なものが作られる。椅子という道具を作る度に、誰かが「それは自分が考案したものだ」と権利を主張するようでは困るだろう。

簡単に言ってしまえば、そういうことになる。所詮、皆、学生なのだ。プロの弁護士というわけではない。この程度のことで、誰も、本当に裁判で争ったりはしたくないだろう。そもそもはじめは「かわいい女の子とつき合いたい」くらいの動機で作ったウェブサイトのことで、裁判なんてバカげている。

「あの二人、ケリーとアリスっていうんだよ」エドゥアルドはそう言いかけたが、言い終わる前に部屋のドアが急に開いて、もう少しでエドゥアルドの背中にぶつかりそうになった。エドゥアルドが振り返ると、そこにいたのはマークの二人のルームメートだった。この二人は、これで同じ大学の学生かと思わず疑ってしまうほど違っていた。

前に立っていたダスティン・モスコヴィッツは、童顔で、髪は黒く、眉は濃い。寡黙で、内向的な性格、経済学専攻だが、コンピュータには強い。そして、本当に優しくて良い奴だ。もう一人のクリス・ヒューズは派手な男だ。ブロンドで癖毛、社交的な性格。思ったことは、はっきりと口にする。ノースカロライナ州ヒッコリーで育ったので、少し南部アクセントがある。ハイスクールでクリスは、「青年民主党協会（Young Democrats Society）」の会長を務め、リベラルな主張の実現に向け、活発に動いた。まさに「活動家」と呼べるような青年だったのだ。ファッションには敏感だったが、仲間うちでは、エドゥアルドが一番「さまになっている」と言ってくれていた。ただ、エドゥアルドがいつも保守的なブレザーとネクタイなのに対し、クリスは、デザイナーブランドのシャツとパンツだ。その外見から、マークは彼のことを時々、「プラダ」と呼んでいる。

この四人――マーク、エドゥアルド、ダスティン、クリスはいずれも、ハーバードの中でいわゆる「社交界のエリート」になるようなタイプじゃない。ハーバードだけでなく、どこの大学にいても、多分、「よそ者」になるようなタイプだ。彼らがロックフェラー家やルーズベルト家といった名家の出身でない、ということだけが理由ではない。四人は、それぞれに種類は違っているけれど、皆「ギーク」なのだ。お互いに似たものを感じると同時に、違いもよくわかっていた。

四人が揃ったところで、まずマークが会話の口火を切った。すでに何を言うか決めていたのだろう。はじめの話を聞いただけで、エドゥアルドにはマークの考えていることがすぐにわかった。ザ・フェイスブックは急成長している。もはやメンテナンス作業はマークの手には負えなくなりつつある。本当に単位を落としてしまいそうな授業がいくつもあるのだ。もしザ・フェイスブックをさらに成長させたいのであれば、どうしても誰かの助けが必要だ。マークが言いたいのはそういうことだった。

ダスティンなら、コンピュータのことは手伝えるだろう。マーク一人では手が回らないことを彼が引き受けてくれる。クリスは話がうまい。少なくとも四人の中で一番うまいのは確かだ。だから、広報、宣伝は任せられる。大学新聞『ハーバード・クリムゾン』は今のところ、強い味方になってくれている。マークは一年生の時、『ハーバード・クリムゾン』のコンピュータシステム開発を少し手伝ったことがあったのだ。それが、彼らがザ・フェイスブックを称賛する記事を多く書いてくれる理由でもあった。だが、この先もずっと記事にし続けてもらうためには、こちらから積極的にザ・フェイスブックの魅力を伝え、皆の興味を惹きつけて、大勢の人がログインしてくれるよう努力しなくてはいけない。

エドゥアルドには、今後もビジネスの面を任せたい、とマークは言った。ただし、ビジネス的なチャンスがあれば、という話だが。とにかく、四人がチームになって、ザ・フェイスブックをワンランク上のレベルのサイトにしていこう——それがマークの意見だった。四人それぞれに肩書きを持たせる、という。エドゥアルドは引き続きCFOだ。ダスティンは、プログラミング担当副社長、クリスは、広報担当重役。そして、マークは創業者であり、サイトの製作者であり、指揮官だ。あるいは「国家の敵」でもある、とマークは言ったが、これは彼流のユーモアだろう。

エドゥアルドはマークの話を聞きながら、どうすればいいのか考えていた。自分とマークだけなら、事は簡単なのだ。しかし、それが会社として組織し、他の人に働いてもらうこととなると、話は違ってくる。ザ・フェイスブックには、今のところ誰かを雇おうにも収入というものがない。給料が払えない。だとすると、あとは、「共同経営者」を増やすしか方法がない。マークのルームメートなら頭も良いし、人間的にも信用できるし、二人とも、マークと同様、ギークだ。それに元々、寮の部屋でやっていることなのだ。

マークの提案した「新しい体制」にエドゥアルドは同意した。また、マークは会社の「所有権」の分け方も変更すると言ったが、それにもエドゥアルドは同意した。

ダスティンは会社の五パーセントを所有する。クリスについては、今後の働きを見て、どのくらいの割合が妥当かを決める。マークの所有割合は六五パーセントに下げる。エドゥアルドは三〇パーセントのままだ。手厚すぎる待遇にも思えるけれど、まだ会社に金が入ってくるわけでもないのだから、意味はない。ここで細かい数字について交渉したところで何になるわけでもないだろう。

「まず最優先でやらなくてはいけないのは」話がまとまると、マークは言った。「ザ・フェイスブックを他の大学にも開放するということだ。この拡張は当然の流れだと思う」

すでにハーバードは制圧した。カバーする範囲を広げてもおかしくなかった。このやり方で、どこまで拡大ができるのか、試してみるべき時だろう。まず他のエリート校に進出することには皆、同意した。はじめはイェール、コロンビア、スタンフォードに絞るということでも意見が一致した。サイトはそのまま排他的なものにする。それぞれの大学のｅメールアドレスがないと参加できない、ということにするのだ。必然的に、コミュニティは大きくなる。大学の垣根を越えた交流も始まるだろう。ザ・フェイスブックはそうして成長を続けていかねばならない。

「でも、そのためには、スポンサーを集めないとね。広告を出さなくちゃ」エドゥアルドは割って入り、話の進行を止めた。「お金が入って来ないと無理だよ、それは」

マークはうなずいたが、エドゥアルドの考えに全面的に賛成していないのはよくわかった。マークも、サーバのレンタル料を賄うだけの金を稼がなくてはいけないことは理解していた。だが、サイトを維持していくのに必要な金額以上の金を稼ぐ、ということには興味がないらしい。エドゥアルドの考えは違った。

このウェブサイトがあれば、自分たちは金持ちになれる、エドゥアルドは本当にそう信じていた。彼は、そこに集結した「スーパーギーク」チームのメンバーを見回した。自分たちの行く手を邪魔する者は誰もいない、そう思った。

四時間後。エドゥアルドは、イタリア製の革靴をリノリウムの床に脱ぎ捨て、トイレの個室に飛び込んだ。心臓の鼓動が速くなっている。中には、長身でスマートなアジア系の女の子がいた。彼女が、エドゥアルドにまたがる。長い、裸の脚を彼の腰に巻きつける。スカートは上に持ち上げられている。エドゥアルドが彼女の背中を壁に押しつける。しなやかな身体が、アーチのように反る。エドゥアルドの手が、ボタンを外したシャツの下で動き回る。彼女の赤い、柔らかなブラジャーを探り当てると、彼の指は、丸く張りのある胸に触れ、しばらくその場に留まった。キャラメル色の完璧な肌、絹の感触。息の荒くなった彼女の唇は、閉じたまま、エドゥアルドの首の横に触れていたが、やがて舌で彼を舐め始めた。エドゥアルドの全身は震え、前に倒れ、彼女をさらに壁に強く押しつけた。彼女が身悶えするのが感触でわかる。彼の唇が彼女の耳に触れると、息はますます荒くなった——。

その時、バスルームの壁を通して、何か別の音が聞こえてきた。冷たいアルミニウムの壁の向こう側に、何かがぶつかったのだ。すぐあとに、ののしるような声がしたかと思うと、笑い声に変わった。笑い声は柔らかなうめき声になり、唇と唇が触れ合う音がした。

エドゥアルドはニヤリとした。自分とマークは、ウェブサイトを共有するだけでなく、同じ体験も共有することになったのだ。ここは寮の男子トイレで、ワイドナー記念図書館とは違うけれど、これだってちょっとしたものだ。

自分の腰に脚を巻きつけている女の子を見ながら、隣で友達が乱れている様子を音楽のように聞いていると、ある考えがエドゥアルドの頭に浮かんで、笑わずにはいられなくなった。

僕たちにも「追っかけ」が現れたんだ。

それから、彼は自分が今まで考え違いをしていたことに気づいた。

コンピュータのおかげでセックスできるってことも、あるんだな。

第一六章　学長への直訴

受付の女性は、彼らを見つめないようにしていた。名刺ホルダーをいじっているふりをしてラミネート紙でできたインデックスを指でパラパラとめくっていた。束ねた髪が上下に揺れていた。だがタイラーは時折、彼女の淡い緑の目が自分の方にちらりと向けられるのに気づいていた。彼女は、受付デスクの前の待合スペースのソファーに並んで座っている二人をチラチラと見ていた。彼女は、どんなに見ていない振りをしようとも、彼らに目をやらずにはいられなかった。

どんな形であれ、タイラーは自分たちが注目されることを不満に思うはずはなかった。それまでの一週間、彼らは注目してもらえなかったのだから。タイラーは無視されることに心底うんざりしていた。

彼らを最初に無視したのは、プフォルツハイマーハウスのシニア・チューターだった。同情はしてくれたが、彼らの告発をそのまま大学の管理委員会に回しただけだった。次は、管理委員会のメンバーたちだ。彼らも同情はしてくれたようだったが、マークを相手取った一〇ページの告発状を一読した後、何かしら理由をつけて、この問題は彼らの管轄外であるという決定を下した。

その上、マーク本人にも無視された。マークは彼らからの警告状に対して、でたらめな手紙を書いてよこした。彼は一月一五日の最後のミーティングの時までザ・フェイスブックの作業に着手していないと主張しているが、facebook.comというドメイン名を一月一二日に登録していることを考えるとつじつまが合わない。さらにマークは、学友を気前よく無報酬で手助けしようとしただけで、ウィンクルボス兄弟が考えていたサイトとは自分のサイトとは全く違うと主張していた。

マークの反応にタイラーたちは腹を立て、マークと直談判しようとした。メールでやりとりを重ね、電話でも少し話して、彼らの前にマークを引っ張り出そうとした。マークは一旦直接面会することに同意したのだが、どういうわけか、キャメロンとしか会わないと言ってきた。結局ミーティングの話は流れ、連絡が完全に途絶えた。

タイラーは、これでいいと思った。どっちみちマークを信用することはできないと考えていたのだ。マークは面と向かって嘘をつくつもりだろうと思っていたし、もしそうならミーティングをしたって何の意味もないからだ。

だからこそ、彼らはそこにいた。マサチューセッツ・ホールと同じくらい古そうなソファーに隣り合って座り、横目でチラチラと見る受付女性の目にさらされていた。

タイラーには、ホールの何もかもが大昔からあるように思えた。確かに、マサチューセッツ・ホールは一七二〇年に建てられ、ハーバードヤードで最も古い建物だ。アメリカの大学にある建築物としては最古の部類に入る。建物の入り口は、ユニバーシティ・ホールにまっすぐに面していて、そこにはジョン・ハーバード〔大学に土地と蔵書を寄付した人物〕の銅像が立っていた。

大学のツアーガイドはいつも、その銅像はハーバードヤードから将来の学生たちをいつも見張っている「三つの嘘の銅像」だと紹介していた。銅像の土台には「ジョン・ハーバード、創立者、一六三八年」と刻まれているのだが、実際にはジョン・ハーバードをモデルにした像ではない。ジョン・ハーバードはこの大学の創立者ではないし、大学は一六三八年創立でもない。

この銅像は他のアイビーリーグの学生たちから、いたずらの標的にされた。ダートマス大学の学生はアメリカンフットボールのチームがこの街に来ると、銅像を緑色〔ダートマス大学のスクールカラー〕に塗った。イェール大学の学生は青〔イェール大学のスクールカラー〕で塗ろうとしたり、銅像の膝の上にブルドッグ〔イェール大学のマスコット〕の像を乗っけようとしたこともあった。どの大学にもそれぞれの伝統があった。ハーバードの学生でさえ、真夜中に銅像の前にやって来て、その足に小便をした。幸運を呼ぶと言われていたのだ。

タイラーはその時、キャメロンと一緒にこの幸運を呼ぶ儀式をやっておくべきだったと思った。彼らは、ありとあらゆる幸運をかき集めなくてはならなかった。ハーバードの学長に面会するというだけでも大変なことだった。彼らは、家族やポーセリアンクラブ、友達など可能な限りの伝手を駆使した。そしてついに、キャンパスの最高権力者の待合室までたどり着いたのだ。

突然、受付の電話が鳴り響き、タイラーはソファーから滑り落ちそうになった。受付の女性は受話器を取り上げて頷《うなず》き、彼らの方に目を向けた。

「こちらからお入りください」

女性は手で右側にあるドアを示した。タイラーは深呼吸し、キャメロンの後についてドアの方に向かった。

学長室は、タイラーが思っていたよりも小さかったが、まさにアカデミックな雰囲気だった。片側の壁全面に本棚が並び、大きな木製の机が置かれ、アンティーク調のサイドテーブルがいくつかあり、東洋風のカーペットの上にソファーやテーブルが並んでいた。

タイラーは、机の上にデルのデスクトップコンピュータがあるのに気づいた。このコンピュータには意味があった。この学長が初めてパソコンを学長室に置いたのだ。彼の名前はラリー・サマーズ。前任のニール・ルーデンスタインはコンピュータを毛嫌いし、どんなコンピュータも学長室に置くことを許さなかったが、サマーズはテクノロジーに通じているのでタイラーたちも話がしやすい。最低でも、今回の件を身近な問題として受け止めてくれるだろう。

コンピュータだけでなく、アンティーク調のサイドテーブルに置かれているものを見ても、サマーズがどういう人物かがよくわかる。定番とも言える子供たちの写真のほかに、ビル・クリントンやアル・ゴアと一緒に写っているサイン入りの写真もあった。その隣には、一ドル紙幣が額に入れられていた。サマーズ自身がサインした一ドル札だ。一九九九年から二〇〇〇年にアメリカ合衆国財務長官を務めたことを象徴している。

サマーズはマサチューセッツ工科大学を卒業し、ハーバード大学で経済学の博士号を取得した。さらにハーバード史上最年少で終身在職権を持つ教授となった。二八歳の時のことだ。財務長官としてワシントン勤務を終えてハーバードに戻り、第二七代の学長に就任した。実に見事な経歴だ。自分たちが抱えている問題に立ち入り、解決してくれる人がいるとしたらそれはサマーズだと、タイラーは確信していた。

二人が学長室に入った時、サマーズは机の奥の革張り椅子に座り、受話器を耳にあてていた。一メートルくらい離れた所に学長秘書が座っていた。彼女は手で二人を招き入れ、机の前に置かれた椅子を指差した。サマーズは電話を切らずに、二人が椅子に座るのを見届けた。それから低い声で、電話口の相手と数分間話し続けた。

サマーズは電話を切ると、二人を見た。ずんぐりした丸顔で、髪は薄く、顎がほとんどなかった。視線は針の先のように鋭く、タイラーとキャメロンに交互に突き刺さった。

サマーズはゆっくりと前かがみになり、机の上に積まれた書類の中からプリントアウトされた紙の束を探し当て、端をつまんで持ち上げた。タイラーとキャメロンが一〇ページにわたって綴った「告発状」である。そこにはマーク・ザッカーバーグとのすべての会話が詳細に記録してある。最初にディヴャがメールを送った日から、大学新聞『ハーバード・クリムゾン』にザ・フェイスブックを立ち上げたことに関する記事が載った日までの経緯を記したものだ。一〇ページにわたる文書を書き上げるのは大変な作業だったが、それが学長のところまでたどり着いたことだけでも、彼らにとっては成果である。

ところが、サマーズがとった反応に、タイラーとキャメロンは驚かされた。一言も発さずに、まるでその書類が汚らしいものかのように、端をつまんで顔の前まで持ち上げたのだ。椅子の背もたれに寄りかかって両脚を机の上に投げ出し、嫌悪感いっぱいの目つきで兄弟を見つめた。

「君たちはどうしてここにいるんだ」

タイラーは咳き込んだ。顔が赤くなった。女性秘書に目をやったが、彼女はひたすらメモを取っていた。罫線入りノートの新しいページの冒頭には、すでにサマーズの質問が書き留められていた。

彼は学長の方に向き直った。サマーズの口調からは、明らかに軽蔑が感じられた。タイラーはサマーズが指でつまんでいる書類の最初のページを指差した。それは彼とキャメロンが学長室に宛てた手紙で、今回の件の概略が記されていた。

ハーバード大学　ローレンス・H・サマーズ学長宛て書状

サマーズ学長、

キャメロン・ウィンクルボス［二〇〇四年卒業予定］、ディヴャ・ナレンドラ［二〇〇四年卒業予定］およびタイラー・ウィンクルボス［二〇〇四年卒業予定］は、学長との面談をお願いしたく筆を取りました。先般我々が管理委員会から処理を拒否された告訴についてお話したいのです。これはハーバード大学コミュニティのメンバーとの関係において誠実かつ率直でなかったという点で、倫理規定に違反した二年生に対する告訴で、十分な裏づけに基づいています。

「当大学はすべての学生に対し、大学コミュニティのメンバーとの関係が誠実かつ率直であることを求める」（学生ハンドブックより）

概略を記しますと、我々三名は今年度に入ってから、当該の学生に対し（元学生に対しても行ったように）、我々のウェブサイト・プロジェクトの仕事を持ちかけました。彼は我々のサイト構築の仕事をすることに合意し、その時から、彼と我々との間で三ヶ月におよぶ仕事上の関係が始まりました。その三ヶ月間、当該の学生は我々のウェブサイトの開発を遅らせ、その間に我々の認識および合意がないまま、我々のサイトに対して不当競争にあたる彼自身のウェブサイト（facebook.com）の開発を始めました。これは我々との合意に対する違反であり、彼の虚偽によって我々の側に重大な損害が生じました。

我々は、この件が学術の領域に属さないものであるとの指導を受けています。しかしながら、当該学生の行動は、一九七〇年四月一四日に人文科学部で採択された「権利と責任に関する決議」に明らかに違反しています。決議にはこう書かれています。

「当大学の一員となった個人が属するコミュニティは、言論の自由、質問の自由、知的公正、他者の尊厳に対する敬意、構造的変化への寛容という、理想的な特徴を有する」

学長にはこの大学のリーダーとして、倫理規定を濫用し、コミュニティの規範を脅かす事件をご承知おきいただきたいと存じます。我々は、もしこの問題を提起しなければ、ハーバード大学のコミュニティ全体およびコミュニティ外においても長期にわたる悪影響がおよぶものと確信しています。よって我々は、可及的速やかにこの件に関してお話する機会を望んでいます。ご検討をお願いいたします。

キャメロン・ウィンクルボス［二〇〇四年卒業予定］
ディヴァ・ナレンドラ［二〇〇四年卒業予定］
タイラー・ウィンクルボス［二〇〇四年卒業予定］

数秒間、タイラーが何も言わなかったので、サマーズはこの手紙にもう一度目を移した。タイラーは咳払いをした。

「自明のことと思いますが、マークは我々のアイデアを盗用したのです」

「それで、私にどうしろと言うんだね」

タイラーは驚いてサマーズを見つめた。それからキャメロンの方を振り返った。キャメロンはとにかく面食らった様子で、口を開けたまま、サマーズにつまみ上げられて揺れている手紙を見つめた。学長の指はペンチのようだった。

タイラーは大きくまばたきし、こみあげてくる怒りでショックを押しのけようとした。彼は学長の背後にある本棚を指差した。過去のハーバード・ハンドブックが並んでいるのが彼にははっきりと見えた。ハンドブックは新入生全員に配布されるものだ。その中には大学のあらゆる規則が並んでいた。大学当局が本来守るべき規範のすべてがそこにあった。

「他の学生のものを盗むのは大学の規則に反しています」タイラーはそう言い、記憶をたどってハンドブックの一節を付け加えた。

「ハンドブックには、『当大学はすべての学生に対し、大学コミュニティのメンバーとの関係が誠実かつ率直であることを求める。すべての学生は、個人および公の所有権を尊重しなくてはならない。窃盗、横領、資産その他の有形財の無断使用やそれらへの損害には、退学を含む懲戒処分が下される』とあります。もしマークが、私たちの寮の部屋に立ち入ってコンピュータを盗んだなら、大学は退学処分にするはずです。実際に彼がやったことはもっと悪質です。彼は私たちのアイデアを、私たちの努力の結果を盗んだのです。大学が介入して、倫理規定を遵守すべきです」

サマーズは書類を机の上に放り出して、ため息をついた。机の上には曲芸師が使うカラフルなボールの山があった。書類はその横にぞんざいに置かれた。噂によれば、そのボールは学長が前任者から受け取ったものらしい。曲芸師のようにボールを操るように、学長は人間、プロジェクト、問題など、あらゆるものを巧みに操ることが求められる。タイラーはサマーズの表情を見て、自分たち兄弟も曲芸師の手にかかってすぐに部屋から追い出されるのが分かった。

「君たちの告訴状も、マークの反論も読んだが、これは大学が関与する問題ではない」

「しかし、倫理規定があるじゃないですか」キャメロンが口を挟んだ。自分たちが一生懸命に書き上げた告訴状をあっさりと葬ろうとするこの人物が学長であることを一瞬、忘れていた。

「いくら倫理規定があっても、効力がないのなら意味がないじゃないですか」

サマーズは首を振った。

「倫理規定は君たちと大学が結んでいるのであって、学生同士が結んでいるのではない。この問題は君たちとマーク・ザッカーバーグの間の問題だ」

タイラーは、裏切られた気持ちから自分の身体が椅子に沈んでいくような気がした。学長に、組織に、大学そのものに裏切られたのだ。彼はいつだって自分が名誉と秩序のあるハーバード・コミュニティの一員であると自覚していた。それなのに、そのコミュニティのトップが、コミュニティの存在意義を否定したのだ。ハーバードはただのギーク集団だと認めたようなものだ。マークは大学という組織を滅茶苦茶にした。それなのに、サマーズにとっては問題にならない。

「しかし、大学には倫理規定を守る責任があるはずでは――」

「大学はこのような問題に対応する場所ではない。これは学生間のテクニカルな争いごとに過ぎない」

「私たちはどうしたらいいのですか」

悔しさを押し殺しながら、タイラーは尋ねた。

サマーズは肩をすくめ、黙ったままだった。タイラーとキャメロンがこの状況にどう対応しようと、サマーズは意に介していないことは明らかだった。

「彼と君たちの間で解決したまえ。さもなければ、法的な問題として別の方法で対処するんだな」

サマーズが言いたいことは理解できた。まずマークと直接会って話をする。しかし彼は面と向かって堂々と嘘をつこうとしているから、おそらくうまくいかないだろう。そうなれば訴訟だ。その選択肢はより面倒ではあるが。

愕然とするしかなかった。「君たちには味方がいない」と、大学の学長に告げられたのだ。大学当局は完全にこの件から手を引こうとしている。ザ・フェイスブックはキャンパスで大人気だ。マークの知名度は上がっている。彼のウェブサイトは日々拡張し、学長は彼の成功を基本的に認めている。

サマーズは、ウィンクルボス兄弟にはマークを非難する理由などないと思っているのかもしれない。あるいは「ザ・フェイスブックは全く別のサイトで、ウィンクルボス兄弟は単に、自分たちのサイトを先に立ち上げられなかったことに腹を立てているだけだ」というマークの手紙を信じているのかもしれない。もしくは、単に関心がないだけか。

サマーズが暗に退室を命じていると感じて、タイラーは椅子から立ち上がった。

残された方法は、自分たちでマークを追いつめることだけ――タイラーはそう実感した。キャメロンとともに学長室を出ながら、タイラーはちらりと後ろを振り返った。学長は再び電話をかけていた。タイラーは、この瞬間を決して忘れないだろうと思った。自分は世の中というものをわかっていなかった。だがそれを言っても始まらない。

ハーバードにはハーバードのルールがあり、マーク・ザッカーバーグは巧みにうまく切り抜けた――タイラーにはそう感じられた。

第一七章 「ナップスター」創業者の登場

二〇〇四年三月のある朝。ショーン・パーカーは突然、あるアイデアが頭の中にひらめき、素早く目を開けた。彼はニヤリと笑って、真っ白な天井を見つめ、自分がいる場所を思い出そうとした。彼は目をこすって眠気を振り払い、大きく伸びをしてみた。羽毛がぎっしり詰まった豪華な枕は心地よかった。そして、彼の頭の中にすべてがよみがえってきた。

せまい寝室の、穏やかな色使いの壁に寄せて置かれたベッドに横になると、彼の頭は枕の中に深く沈んだ。髪の毛はぐしゃぐしゃになり、茶色がかった金髪はからみあい、柔らかな枕の上でまるでキノコのようになっていた。彼はTシャツとスエット・パンツを身に着けていた。しかしこれは寝るときに着替えたもので、前夜の彼はアルマーニのジャケット、細身の真っ黒なDKNYのジーンズ、オーダーメードのプラダのシャツに身を包んでいた。それらはバスルームのドアの裏側のフックにぶら下げられていた。

彼のにこやかな笑顔はチェシャ猫〔『不思議の国のアリス』に登場する口の大きな猫〕のように変わり、唇の端が、大きく横に伸びた。

彼はせまい寝室を見渡した。小さな木製の化粧台、コンピューター関連の書籍でいっぱいの本棚、角に置かれた照明、ベッドの横の小さなサイドテーブルに置かれたスリープ状態のラップトップコンピューターなど。そして部屋中の至る所に服が脱ぎ捨てられていた。床や本棚に転がり、照明にも引っかかっていた。

しかしショーンは気にも留めなかった。そのほとんどは自分の服だし、そうでないものは女性ものだったからだ。フリルのついたブラジャー、丈の短かすぎるスカート、タンクトップ、細身の上品なベルト――カリフォルニアの大学に通う女子大生なら、誰でも身につけているような服だ。ありがたいことに、スタンフォード大学では、女子学生は「カリフォルニア的」な格好をしている。エリート学校なのに、だ。そしてもちろん、彼女たちはみんな金髪だ。

ショーンはベッドに片肘をついた。部屋に散らばったブラジャー、スカート、タンクトップ、ベルトが誰のものかはよくわからない。他のルームメイトを目当てに来たのか、それとも自分のところを訪ねてきたのか。

なぜこんな服が部屋に散らばっているかもよくわかっていなかった。自分はその子を知っているかもしれないし、知らないかもしれない。どちらにしても、その子はおそらく、自分のことを知っている。

スタンフォード大学でショーン・パーカーを知らない者はいない。彼がここの学生ではないことを考えれば、奇妙なことだ。彼が暮らしているこの家は、いつもスタンフォードの学生で溢れかえっていた。大学のすぐ隣だし、学生寮の延長のようなものだ。しかし、ショーンはスタンフォード大学の学生ではない。そもそも彼は大学に進学していない。それなのに彼は、スタンフォードのヒーローだった。

彼は、元のビジネスパートナー、ショーン・ファニングほど有名ではないが、二人のサクセスストーリーを知る人は多い。二人のティーンエイジャーが生み出した音楽ファイル共有サイト「ナップスター（Napster）」が音楽業界を変えた、というストーリーだ。学生寮の部屋でひっそりと作られたサイトにより、インターネット経由でお互いのファイルを共有できるようになったのだ。ナップスターは大成功をおさめた。それは、世界を変えてしまうようなウェブサイトであり、また、ある種の破壊でもあった。

まだ高校生だったショーン・パーカーとショーン・ファニングが、インターネット上のチャットルームで打ち合わせをした後に共同設立したナップスターは、単なる一企業にとどまらず、革命を起こしたと言える。ナップスターは音楽を無料でダウンロードできるようにしたからだ。コンピュータを取り扱うことができる人であれば、欲しい曲を自由に手に入れられるようにしたのだ。自由――それはロックンロールの中だけのことだろうか？　インターネットもそうなんじゃないだろうか？

当然ながら、レコード会社はこのような方法は思いつきもしなかった。レコード会社の連中は、復讐心に燃えるハルピュイア〔ギリシャ神話に登場する、人間の頭と鳥の体を持った怪物〕のように、パーカーとファニングに法廷闘争を繰り広げて反撃してきた。

結末は予想通りだった。最終的にナップスターが崩壊してしまったのは、ショーン・パーカーの責任だと考えた人もいた。ある報告書によれば、彼は、法廷闘争の最中にレコード会社が有利になるようなメールを送っていたという。愚かな話であり、ナップスターを窮地に追い込む、若者らしい無分別な行動だった。しかしそれはショーンの短所であり、彼の強みでもあった。彼はナップスターを離れた。何も持たずに。

彼には後悔はなかった。まったくなかった。そんな男ではないのだ。

ナップスターが崩壊してしまったのだから、そんな時、普通の人間なら、しばらくはおとなしくしているものだろう。しかし彼は再びシリコンバレーを席巻することになる。ナップスター崩壊から二年も経たないうちに、彼と二人の親しい友人は、またも「共有」に関する新しいアイデアを思いついた。当時の彼らが照準を合わせたのが、eメールアドレスなどの個人情報だった。当初は無料のシステムとしてスタートした。最初のうちは、情報更新の依頼を逐一送信しなくてはならなかったが、しばらくして、いつでもユーザが自ら修正を加えることのできるオンライン名刺管理システムとなった。彼らはこの会社を「プラソ（Plaxo）」と名づけた。

ショーンは、やや破壊的な価値観を持ち合わせていた。会社を破壊するということではない。プラソは順調に成長していたし、会社の価値は多分何百万ドルになっていただろう。しかし、ショーンは経営に参加できなくなった。途中でその望みを絶たれたのだ。彼から見れば、自分の会社から追い出されたことになる。そのやり方は、追い出された、という言葉ではとても表現できないほど、卑劣なものだった。

彼が思うに、そこには本物の悪人が関わっていた。マイケル・モーリッツは風変わりで誇大妄想癖のある、秘密主義で約束を守らない男だ。最初にベンチャーキャピタルの化け物を招こうというアイデアを出したのはショーンだった。彼は、プラソには運用資金が必要だと考えていた。そして、自分はベンチャーキャピタルとのつきあい方を心得ていると思っていた。

しかしマイケル・モーリッツは、よくいるベンチャーキャピタルの人間とは一味違った。彼はセコイアキャピタルの共同経営者の一人で、シリコンバレーで働く投資関係者の間で神と崇められている人物だった。彼はヤフーとグーグルの両方に投資し、誰もがその手腕を認め、大金を生み出していた。

ショーンからすれば、モーリッツは閉鎖的で秘密主義、そして乱暴な人間に思えた。モーリッツとショーンは、最初からあらゆる問題で衝突した。ショーンは自由な考えの持ち主で、若くて大胆な起業家だった。モーリッツはとにかく金。はっきりしていて分かりやすかった。セコイアキャピタルがプラソに資金を出してから一年たらずで、モーリッツはショーンの追放を決めた。会社を設立した人間を追い出すのだ。当然ショーンはこれを拒んだ。

これが戦いの始まりだった。ベンチャーキャピタルによるクーデターだ。そしてついにショーンも、このままの状況では負けると認識し始めるようになった。一緒に会社を興した二人の親友も、モーリッツや取締役会の圧力に屈するだろう。報告書によれば、彼は「会社の所有権の一部を売却し、それで利益を得ることを認めれば、会社を離れてやるが、それ以外は受け入れられない」と発言して抵抗を試みたとされる。この一言で、セコイアキャピタルは本格的な戦闘モードへと切り替わった。モーリッツは、ジェームス・ボンドがやりそうなことを確実に仕掛けてくるだろう、とショーンは思った。私立探偵を雇ってショーンを監視し、彼を追い出すのに必要な攻撃材料を手に入れるのだ。

ショーンは、アパートを出る時は黒い窓ガラスの車が追いかけていないか気をつけるようになった。電話中にカチカチと言う奇妙な音がしたり、携帯電話に知らない番号からの怪しい着信が残っているのに気づくようにもなったりもした。恐ろしいことが始まっていた。

そして彼らは、うわさ話を集めていた。同年代の若者と同じように、ナップスターやプラソを通じて名声を得たショーンもパーティーが大好きだった。そして彼は女好きだった。

彼が聖人でないことは間違いない。二〇代前半にして、彼はシリコンバレーの「ロックスター」のような存在となっていた。彼は早口で、頭の回転が速かった。それだけに、衝動的で、激しやすいところがあった。誤解されやすい人間なのだ。

だから、彼らはナップスターから追放するときにショーンの弱みを何か握っていたのかもしれないが、その確証はない。いずれにしろ、彼の立場からすれば、モーリッツに追い出されたことに変わりはない。

彼は自分の会社を辞職し、会社の所有権を、自分が呼び寄せた連中に手渡すはめになったのだ。ショーンは同時に二つの物を失った。会社と、二人の親友だ。彼にとっては卑劣なやり方、ひどいやり方、アンフェアなやり方だった。しかしこういうことは起こるものなのだ。彼に限った話ではない。シリコンバレーでは年中起きているのだ。

これがベンチャーキャピタルの稼ぎ方だ。すごいやり口だ。ショーンは追い出される状況になるまでは気づきもしなかった。

プラソでも、同じような悲惨な結末を迎えた。しかし、これでショーン・パーカーの物語が終わるわけではない。話はまだ続く。シリコンバレーのゴシップジャーナリストたちは、ナップスターとプラソから追放されたという二つのトピックを持つ彼を見て、今まで以上に血を騒がせた。彼らはショーンのことを問題児として町中に触れ回るようになった。女性関係。着ているブランド物の服。そして当然根も葉もない話なのだが、コカインなどの薬物の話もあったりした。ある日、『ゴーカー（Gawker）』〔アメリカのゴシップ記事専門サイト〕を開いたら、「精力剤として子供のアザラシの血を静脈注射している」といったようなとんでもないゴシップ記事が出ているんじゃないかと、ショーン自身が思ってしまうほどだった。

「問題児」というイメージは、バージニア州シャンティで過ごした子供時代を知っている人からすれば想像も出来ないだろう。彼はやせこけた子供だった。ピーナッツとハチと甲殻類のアレルギー持ちで、どこへ行くにもアドレナリンをいっぱいにつめたエピネフリン・ペン〔激しいアレルギー反応の危険がある人用の応急手当キット〕を持ち歩いていた。ぜんそくの症状もあり、吸入器も手放せなかった。髪型は乱れ放題で、見る角度を変えるとアフロヘアに見えた。体操の床運動もまったく苦手だった。そんな彼がシリコンバレーの問題児？　バカバカしい。

彼は床に転がるフリルのついたブラを見た。そして、もう一度笑った。

確かに、ちょっとしたお楽しみの時間はあったらしい。束の間の快楽だ。私立探偵は多分気づいているだろうけど、彼は女好きだ。いつも大勢の女性に囲まれている。夜遅くに出かけて、酒を飲むのが好きだ。ナイトクラブを出入り禁止になったのも一軒や二軒ではすまない。そして、彼は大学に行かなかった。ナップスターが軌道に乗った時に高校を退学していた。そのことは一度たりとも後悔していない。

彼は自分を問題児どころか善人だと思っていたし、自分を、一種のヒーローのように思っていた。自分のことを「バットマン」のように思っているところがあったのだ。ブルース・ウェイン〔『バットマン』の主人公〕のように、昼間はＣＥＯや起業家たちと親しくしている。夜になるとマントをまとった正義の味方となり、世界中にいる大学生を一人ずつ変身させようとしているのだ。

ただブルース・ウェインと違うのは、カネに余裕がなかったことだ。彼は歴史に残る二つの大手インターネット企業を生み出した。なのに彼は、わずかなお金も持っていなかった。プラソの資産価値は高かった。彼はその価値の大部分を手にするはずだったのだ。おそらく数千万ドル、いや、何億ドルだろう。ナップスターで大金を手にできていないのも、実に不思議なことだった。

だが、それで彼は有名になった。彼をシリコングラフィックス社創業者でウェブブラウザ「ネットスケープ（Netscape）」を立ち上げ、ナップスターとヘルセオン（Healtheon）〔医療情報ネットワーク会社〕にも関わりのあるジム・クラークになぞらえる人もいた。ショーンはすでにナップスターとプラソで大きな成功を収めていた。ジム・クラークと同等の存在となるのに必要なのは、三つめの成功だった。

だから、彼はいつでも次の成功の種になりそうなものを探していた。人生を本当に変えてしまうような大流行を追い求めていたのだ。もちろん、そんなものがあれば誰だって見つけたい。違いがあるとすれば、何が次に大流行するのか、ショーンにはわかっていた、ということだ。彼の勘は完璧で、神がかっていた。

次に流行るもの、それは「ソーシャルネットワーク」だ。

ほんの数ヶ月前に、彼はフレンドスターとコンタクトをとっていた。彼らに、ベンチャーキャピタルからの資金提供の話をもちかけ、街の仲間たちを紹介したのだ。仲間の中でも特に重要な人物がピーター・シエルだ。インターネット決済会社「ペイパル（Paypal）」の共同創始者で、彼もまたセコイアキャピタルのギャング連中と何度か喧嘩をした経験の持ち主だった。

しかしフレンドスターは、成功の種にはならなかった。既に発展し過ぎていて、ショーンが有利な立場に立てるようなことはなかったからだ。正直に言えば、フレンドスターには限界があった。結局は、いわゆる「出会い系」サイトだったのだ。マッチ・ドットコムやJデートなどに比べれば、出会い系に見せないように工夫されていた。しかし、見ず知らずの若い女性と話をして、相手のメールアドレスを教えてもらうサイトということに変わりはない。

マイスペースはまだ新しいサイトだが、急成長している。しかしショーンはこの会社を詳細に調査し、手を出さないことを決めていた。マイスペースはSNSとしては規模がずば抜けて大きい。しかしショーンにとって、これは本当のソーシャルネットワークではなかった。コミュニケーションを取るために訪問する場所ではないのだ。自分の姿を見せに行くところだ。自己陶酔する人間のための巨大な遊び場のようなものだ。

僕を見て！　私を見て！　僕のバンドの演奏を聞いて！　コントを見て！　芝居のビデオを見て！　模型の写真を見て！　といった内容が延々と続いているだけ。自分というブランドを提示して、誰かが関心を持ってくるのを期待しているのだ。

フレンドスターが出会い系サイトで、マイスペースがブランディングツールだとしたら、他に何が残っている？　ショーンにはわからなかった。しかし、水面下で必ず、何かが動いているはずだ。ソーシャルネットネットワークのナップスターとでもいうべき何かが、どこかで生まれようとしているに違いない。ショーンは周囲にアンテナを張り続けていた。

彼は自分のハードルを非常に高いところに置いていた。十億ドル単位の価値を持ち得る会社、つまり、彼にとってのユーチューブ（YouTube）、グーグル（Google）だ。でなければ、そんなものに時間をかける価値はなかった。彼にはすでにプラソでの経験があるが、そのレベルではまったく満足していなかった。

次は億万長者になるか、破産するかだ。

彼はベッドの上で身を起こした。活力が体の中にわき上がってきた。冒険に戻る時だ。彼は布団の横にある小さなテーブルをちらりと見た。ピンクの女物の時計の横に、開いたラップトップコンピュータがある。もともとは彼のものではない。ルームメイトか、ルームメイトの来客のものだろう。今は自分のものにしている。そのパソコンでメールをチェックして、朝の儀式を始める時間になった。

彼はゆっくりとひざの上に置き、キーをひとつ叩いた。数秒後にはコンピューターのスリープモードが解除された。彼の視線はすぐに画面に向かった。

画面いっぱいにウェブサイトが開いているのに気づいた。ラップトップコンピュータの持ち主の誰かが、一晩中接続していたのは明らかだった。中身が気になって、ショーンは画面をスクロールさせて、どんなサイトか確認した。

ショーンが見たことのないサイトが表示されていた。しかし何か奇妙だった。中身はほとんど、どこかで見たようなものだったからだ。

サイトの一番上と一番下に、淡い青色の帯がある。一種の「ポータルサイト」らしい。左側には女の子の写真が表示されていた。ショーンは彼女の美しいブロンドの髪、すてきな笑顔、信じられないほど美しい青い瞳に見入った。そして彼女の写真の下に、彼女に関する情報が表示されているのに気づいた。

性別：女性
独身
恋愛対象：男性
友達募集中

すでに見つけた友達の一覧もあった。好きな本。スタンフォード大学での専攻科目。

プロフィールの次には、彼女が書いた自己紹介文があった。同級生からのコメントも載っていた。すべてスタンフォード大学の学生からのようだ。全員がスタンフォード大学のｅメールアドレスを持っている。彼らは彼女の「リアル」な友達のようだ。つまり、ネット上だけでなく、現実世界でも友達ということだ。フレンドスターにいるような、セックス目当ての連中ではない。マイスペースのように自分のロックバンドを紹介したり、ファッションブランドを見せびらかす連中もいない。これは現実世界の彼女のソーシャルネットワークをインターネット上に移しただけのものだ。コンピュータがスリープモードに入っていても、このソーシャルネットワークは起きたままだ。常に変化し続けている。

使いやすく、

シンプルで、

美しい。

「何てサイトだ」ショーンはつぶやいた。

素晴らしい。彼の目が釘付けになった。

ソーシャルネットワーク――このサイトの狙いが大学なのは明らかだ。大学は、ソーシャルネットワークにとって大きな「すき間市場」だった。言いかえれば、ソーシャルネットワークにとって最高の市場なのだ。大学生は信じられないほど社交的だ。人生のどの時点よりも、一番友達ができるのが大学時代だ。フレンドスターやマイスペースは、ソーシャルネットワークを最も活用しそうな集団を見落としていたのだ。このサイトはどうだ？　その鉱脈にぴたりと狙いを定めている。

ショーンの視線は、ページの一番下へと移った。そこには奇妙な一行があった。

製作：マーク・ザッカーバーグ

ショーンは微笑んだ。気に入った。実に気に入った。誰だかわからないが、こいつがサイトを作ったんだな。

ショーンはキーボードを叩いて、グーグルへと画面を切り替えた。彼は検索を始めた。驚いたことに、相当な量の検索結果が引っかかった。ほとんどは、ある一つの情報ソースから抜き出されたものだ。『ハーバード・クリムゾン』、ハーバード大学の大学新聞だ。

ザ・フェイスブックという名前のウェブサイトは、六週間か八週間くらい前に、ハーバード大学の二年生によって始められたらしい。開始四日間で、同大学の学生の相当数が登録したという。二週目には、登録者数は五〇〇〇人近くになっていた。そして彼らは、サイトを他の学校の生徒にも開放した。現在の会員数は五万人近くと推測されている。スタンフォード大学、コロンビア大学、イェール大学――。

何てことだ。こんな早さで広がっているなんて。

彼は独り言をつぶやき始めた。「ザ・フェイスブック」？　何で「フェイスブック」じゃないんだ？ささいなことのように思えるが、彼からすれば、いらだたしくなることだった。いつもそうなのだ。無意識のうちに物事をすっきりと、わかりやすくしようとする。彼は、またいろいろ考え始めてしまっている自分に気づいた。彼の指は、布団のシーツの上を前後に動き回り、しわを伸ばしていた。彼はニヤリと笑った。これじゃまるで強迫神経症だな……またゴシップが増えた。「ショーン・パーカーは精神的に病んでいる」って具合か。「ヴァレーワグ（Valleywag〔シリコンバレーのゴシップ記事を扱う会社〕）の奴らを電話口に呼び出してやろうか。問題児でぜんそく持ち、ピーナッツアレルギーで強迫神経症のショーン・パーカーが、新しいプロジェクトを追いかけ始めたぞ……。

彼の次の目標は定まった。マーク・ザッカーバーグを見つけて、こいつが本当に優れた人間かどうか確かめる。もし思ったとおりの人間なら、サイトを拡大する手助けをする。

大金持ちか、それとも破産か。本当にシンプルだ。なら大金持ちの方に賭けるしかないだろう。ショーンは、すでに二度の賭けをしていた。ナップスターとプラソだ。

フェイスブックは果たして三番目になるのだろうか？

第一八章　大金持ちの予感

「エドゥアルドったら。身分証明書を見せろなんて言われると思ってるの？　こんなところで？」

彼女が呆れたように言ったので、雰囲気はますます悪くなった。エドゥアルドは睨みつけたが、彼女はもうカクテルリストに見入っていた。マークもリストに目を走らせている。どうやらケリーが正しかった。誰もＩＤを確かめになんて来やしない。だが、問題はそんなことではない。エドゥアルドは、ケリーもマークも今の状況を真剣に考えていないから腹が立ったのだ。

このレストランはそこいらの店とは違う。ニューヨーク滞在中、マークはずっとふざけっ放しだし、ケリーは店のことなど意に介していないようだった。彼女がここで食事をしているのは、たまたまクイーンズにいる家族を訪ねていたからだ。だがマークは違う。ビジネスのためにニューヨークに来ているはずだ。

彼らはホテルを使わず、友人宅に泊めてもらっていたが、旅費や食事代やタクシー代はすべてエドゥアルド持ちだった。もっと正確に言えば、ザ・フェイスブックの経費で支払っていた。三ヶ月半前の今年一月にエドゥアルドがつぎ込んだ数千ドルは、みるみるうちに底をついた。だからマークも、この旅行を真剣なビジネスだと考えていたはずである。

ところが、マークは仕事らしいことを何ひとつしていない。マークに代わってエドゥアルドが準備して、脈のありそうなスポンサーの何人かとようやく会うことができたが、どれも結果は芳しくなかった。それは、会議中たいていマークが居眠りしていたせいではない。エドゥアルドがダレ気味な雰囲気を盛り上げようとしているのに、マークはただ黙って座っているだけだったせいでもない。二人が会った相手は全員、最新の数字で七万五千人以上がザ・フェイスブックに登録しているという話に興味を引かれたようだったが、誰一人として、インターネット広告に大金をつぎ込もうとはしなかった。彼らには理解できなかったのだ。

インターネット広告は、とてもリスクの大きいことだと思われていた。だから、ザ・フェイスブックの独自性を説得するのはとても難しいことだった。「ユーザーがザ・フェイスブックに滞在する時間は、他のほとんどのサイトよりもずっと長い」と数字で説明しても効果がなかった。「ザ・フェイスブックを試したことがある若者にはなんども訪問する傾向があり、その割合は一日あたり六七パーセントにも上る」という、さらに目を引く統計もあるのだが、これもまた彼らには全く理解されなかった。

とは言うものの、マークがもう少し真剣にビジネスに取り組んでくれさえいたら、多少はましな状況になっていたかもしれない。目下の問題は、彼らが今いる場所である。ニューヨークに新装開店したこの高級レストランで、マークはいつものフード付きフリースを着て、テーブルの下ではサンダルをパタパタさせている。

確かに、ここで出資者候補と会っているわけではないにしても、やはりビジネスはビジネスだ。マークがそういう素振りを見せてくれたらよかったのだが。普段の格好はやめてもらいたかった。この店ではあまりにも場違いだ。

トライベッカ地区にあるテクスタイル・ビルディング一階にオープンした、ニューヨークの代表的シェフ、ジャン・ジョルジュの「66」は、最新の人気スポットだ。エドゥアルドの知る限り、おそらく一番の中国料理レストランだろう。入口の大部分を占める、高さ六メートルもある曲面ガラスの壁といい、客席と厨房を仕切る巨大な水槽といい、スマートで無駄のない、極めてモダンな店だった。床には竹が敷いてあり、革張りの座席は、磨りガラスのパネルで仕切られている。四〇人用の巨大な共同テーブルがあり、その脇にあるすりガラスの仕切りには、向こうで駆け回るバーテンダーたちの姿が、まるで前後に踊っているように透けて見えている。絹製の中国の紅い旗が天井から下がっていなければ、アジアというよりも多国籍料理店という感じだった。少なくともエドゥアルドの味覚ではそう思われた。

待ち合わせ相手がまだ来ないので、彼らは料理を何品かすでに注文してしまっていた。照り焼きポークにエシャロットとショウガのコンフィ添え。マグロのタルタルソースがけ。ロブスターのはさみのショウガとワイン蒸し。特大サイズの海老団子のフォアグラ詰め。だが、エドゥアルドの彼女は、目の前の料理にはそれほど感動しているように見えなかった。エドゥアルドには、彼女は小さなテイクアウトボックスに入った自家製アイスクリームのデザートを注文できるのを待っているだけなのだとわかった。もっとも、彼女が年齢チェックなしでドリンクを運んでくるようウェイターを説得できるなら、アイスクリームのことなどどうでもよくなるだろうが。

エドゥアルドは、もうケリーに対しては関心が薄れていたが、それでも背はすらりとして美しいと思った。学生寮のトイレの話で、何とか彼女の気を引いていた。マークは、ケリーの友人のアリスと別れて随分経つが、どちらにせよ、マークは気にしていないように見えた。今のところ、エドゥアルドにとって重要な問題はケリーではない。彼が最も気にしているのは、この店でこれから会う男のことだった。

エドゥアルドは、ショーン・パーカーのことをよく知らなかったが、インターネットでざっと検索をしてみて、この男が嫌いになった。ショーンはシリコンバレーの野獣だ。かなり型破りとも思えるやり方で、大手インターネット企業を二社も売却したシリアル・アントレプレナー〔繰り返し事業を立ち上げる起業家〕だ。エドゥアルドには、彼が野蛮人で、ちょっと危ない人物であると感じられた。この男が、なぜ自分たちと話したがっているのか、何を求めているのかわからなかった。しかし彼は、ショーンから得るものは何もないとはっきり確信していた。

噂をすれば影だ。エドゥアルドは、男が曲面ガラスの壁の向こうから店に入ってきたところを目にした。今まで会ったことはないが、その男がショーンーであるとすぐにわかった。登場っぷりからして人とは違うし、店の中を落ち着きなくグルグルと歩き回っている動きは、まるでアニメ『バックスバニー』に登場するタスマニアデビルのようだ。店での様子を見ていると、どうやら彼はこの店の常連客らしい。まず、接客係の女性に向かって「やあ」と声をかけ、ウェイトレスの一人をハグした。それから、近くの席に座っていたスーツ姿の男のところで立ち止まって握手を交わし、その男の子どもの頭をなでなでした。まるで家族ぐるみの友人だ。こいつは一体何者なんだ。

パーカーは、エドゥアルドたちの席にやってきて微笑んだが、ちょっと冷たい感じがした。

「ショーン・パーカーだ。君がエドゥアルドで、こちらがケリー、すると君がマークか」

ショーン・パーカーは、マークに向かってテーブル越しにまっすぐ手を差し出した。その時マークの顔に浮かんだ表情を、エドゥアルドは見逃さなかった。彼の頬には赤みが差し、両目は輝いていた。純粋なあこがれ。マークにとってショーン・パーカーは神である。エドゥアルドにはそう見えた。

エドゥアルドはもっと早く気が付くべきだった。ナップスターは、コンピュータギークが目指す最高峰、名うてのハッカーたちが争った戦場だった。結局敗れたのはハッカーたちだったが、史上最大のハッキングとして名前が残ったのだから、勝ち負けはどうでもいいことだった。ショーン・パーカーは、その戦場を生き延びたばかりか、プラソをひっさげて、名声を取り戻した。

エドゥアルドは、グーグルの検索結果を思い出すまでもなかった。ショーンは、ケリーの隣に座り、顔なじみウェイトレスがそばを通ったところをつかまえて、全員分の飲み物を注文すると、自分から話を始めた。

ショーンの話は延々と続いた。彼のエネルギーは底なしのようだ。ナップスター、過去の係争、プラソ、そして彼が辛くも生き残った醜い争いごとまで、彼は自分のほとんど全てをさらけ出していた。シリコンバレーでの生活、スタンフォード大学やロサンゼルスでの連日連夜のパーティー、億万長者になった友人、さらなる金儲けのネタを探す友人……彼は自分が住む世界を鮮やかに描き出していた。その情景にマークが夢中になっているのが、エドゥアルドにはわかった。今すぐ店を飛び出して、カリフォルニア直行便の切符を買いに行きそうな様子だった。

ようやくショーンが話を終えると、今度はザ・フェイスブックの最近の状況について聞いてきた。エドゥアルドは、現在二九の学校で利用されていると説明した。するとショーンはまたマークに向かい、各学校を参加させるために、どんな戦略を立てているか、聞かせてほしいと言った。緊張のあまりカチカチになったマークが一例を説明し始めると、エドゥアルドはそこに座っていて、腹立たしい気持ちになった。

マークが説明したのはベイラー大学についてだった。テキサス州にある小さな大学で、最初は、大学独自のソーシャルネットワークがあるからという理由で、ザ・フェイスブックの導入を断られた。そこで、大学側と直接交渉するのはやめて、大学の半径一〇〇マイル以内にあるすべての学校をリストアップし、各校にザ・フェイスブックを提供した。するとほどなく、友人のウェブサイトを見たベイラー大学の学生が、こぞってザ・フェイスブック導入の嘆願運動を学内で始めたのである。それから数日のうちに、ベイラー大学のソーシャルウェブサイトが公開されることになった。

ショーンはこの話にとてもエキサイトしているようだった。彼は、スタンフォード大学の新聞『スタンフォード・デイリー』で見かけたという記事を引いた。

「三月五日：講義を抜け出し、学業を怠る。スタンフォードの学生たちは、すっかり取り憑かれたかのように、何時間もコンピュータの前に座っている。ザ・フェイスブックが、学内全体で大流行している」この記事が出た後、スタンフォード大学生の八五パーセントが、二四時間以内にザ・フェイスブックに登録したという。

マークは、ショーンが自分のことを調べていてくれたことに感激しているようだった。ショーンの方でも、マークから崇拝されているのはまんざらでもないらしい。二人は、すぐに親しくなったようだ。それは間違いない。

エドゥアルドはと言うと、ショーンはわざとエドゥアルドを無視して、マークに対して必要以上に注意を向けている。おそらくショーンとマークが、二人ともコンピュータに精通していたからだろう。

その反面、ショーンは、マークをコンピュータギークだと考えていたわけでもなかった。マークはギークと言えばギークではあったが、ずっと品の良いギークだった。服装や、怒っているような態度をギークだと言うのではない。自分の席だけでなく、その場全体をコントロールする才能のことを言っているのだ。マークはショーマンだ。自分のすることは、何でも上手にこなせる人間だった。

食事はあっという間にすんでしまった。とはいえエドゥアルドには、永遠に続くかと思えたから、ケリーのところにやっとアイスクリームが来た時には、ようやくこれで終わると安堵した。テイクアウトボックスがすっかり空になると、ショーンは伝票をとって、先に席を立った。それから、マークとは近いうちにまた話をしようと約束した。そして、旋舞教団〔イスラム教の一派メヴレヴィー教団のこと。回転しながら踊る宗教行為で知られる〕のような男は、現れた時と同じ早さで去っていった。

それから一〇分後、店の外の歩道でエドゥアルドは、マークと並んで立ち、手を上げてタクシーをつかまえようとしていた。エドゥアルドの彼女ケリーは、ショーンとその彼女に会うと言って帰ってしまった。トライベッカ近くにあるバーで共通の友人に会うそうだ。エドゥアルドは、後で偶然を装って彼らに会うつもりでいたが、その前にまだ何本か電話をしなければならなかった。出資者との会合をもっと設定しなければならない。どんなに困難なことだろうと、彼は決してあきらめようとしなかった。

手を挙げたままで、エドゥアルドはマークの方をちらりと見た。彼の顔はまだ紅潮していた。ショーンが去った後でも、そのオーラはまだあたりで漂っているようだ。

「何だかスネークオイル（snake-oil）〔効用のはっきりしない怪しい薬〕のセールスマンみたいな奴だったな」

マークにかけられた魔法を解こうとして、エドゥアルドが言った。

「シリアル・アントレプレナーって、みんなあんな感じなのかな。あんな奴の手助けなんかいらないんじゃないかなあ」

マークは肩をすくめただけで、何も言わなかった。エドゥアルドは顔をしかめた。今のマークには何を言っても耳に残らない。マークはショーンを気に入っている。それどころか崇拝している。それはもうどうしようもない。

エドゥアルドは、当面は全く何の問題もないと考えることにした。ショーンが自分たちのために資金を提供してくれるとは思えない。エドゥアルドの知る限りでは、彼は現金を手にしたことがない。ザ・フェイスブックは資金を必要としている。会社が大きくなればなるほど、サーバの増強が必要になる。プログラマーをあと二人雇うことも決まっている。身分は見習いだが、それなりに給与は払わなければならない。

そんなわけで、明日は新規に銀行口座を開設して、プロジェクトに資金を追加することになっている。エドゥアルドには、口座に入れる一万ドルを用意できるが、マークには手持ちの金が全くなかった。だから彼らは、もうしばらくエドゥアルドの金を頼りにしなければならないのである。ショーンにはそれほど大きな資金を動かせる能力はなかったが、彼にはベンチャーキャピタルとの強力なコネクションがあるようだ。今回だけはありがたいことに、金に無頓着なマークのおかげで、そのことは話題にならなかった。マークにとっては、ウェブサイトは第一に楽しむためのものであり、クールなものでなければならない。広告を出すなどクールではないし、ベンチャーキャピタルも全くクールではない。スーツにネクタイのビジネスマンや金持ちが、クールであるはずがない。マークは当分ベンチャーキャピタルから資金を調達しそうにないので、エドゥアルドは心配する必要はなかった。

それでもエドゥアルドは考えずにはいられない。たとえベンチャーキャピタルの仲間がいるにしても、マークにとってショーン・パーカーは紛れもなくクールな人間だ。しかし彼は、その考えを心の底に押し隠した。何もかもうまくいく、心配することは何もない。誰もがこのザ・フェイスブックを愛している。

遅かれ早かれ、自分たちはこのザ・フェイスブックで大金を手にする方法を考えつくだろう。それも、ショーン・パーカーの助けを借りずにだ。エドゥアルドは予感していた。彼らの小さなウェブサイトに関心を抱いている人間は、ショーン・パーカーひとりだけじゃないはずだ。ニューヨークのあの高級レストランでの食事代くらいではびくともしないほどのカネを持つ出資者から電話がかかってくるのは、もう時間の問題だ。

第一九章　マークの野望

「あ、また来てる」

「冗談だろ」

「本当さ」

　エドゥアルドは、振り返って見てみたい気持ちを抑えていた。さほど大きくない教室の演壇の上を歩き回っている、白髪頭にあごひげの教授の話に集中しようとした。だが、それも無理なことだった。何しろ、エドゥアルドにはこれが何の講義なのかさっぱりわからない。彼には理解できない外国語に関する講義だった。

　そこにまた、マークの話が始まった。ザ・フェイスブックは、二人の学生生活に影響しつつあった。仕方ないので、講義の時間も急成長している彼らのビジネス業務に充てられることがしょっちゅうだった。しかし、その時に限っては、振り向いて後ろにいる男を確かめずにはいられなかった。

　ほんの一瞬だけ、その男のことを盗み見た。三十代半ばで、グレイのスーツにネクタイを締め、スーツケースを抱えた姿は、その場に似つかわしくなかった。彼は大学のテニス部のスエットシャツを着た二年生たちの間に座り、頭の悪そうな人間のようにニヤニヤ笑っていた。エドゥアルドがこらえきれずに振り返ってしまった時、男はさらにニヤついた。

とんでもないことになってきた。ベンチャーキャピタルの人間が大学にやって来たのは、これが初めてではない。春学期末で、まもなく大学が終わろうとしているのに、その頻度は恐ろしいくらいに増えている。ベンチャーキャピタルだけではない。大手のソフトウェア企業、インターネット企業の人間も来ている。スーツの男たちは、カークランドハウス寮のダイニングホールや図書館で彼らを待ち伏せていた。マークがコンピュータサイエンス学部のミーティングから帰ってくるまで、寮の部屋の前で三時間も待っていた人間もいた。

大した注目のされようだが、実際のところは、カネについて具体的な提案はなく、まだ誰も提供してはくれていない。中にはゼロが七つもつくような、マツァボール〔ユダヤ教の過越祭で食べる食事。マッツォというクラッカーを砕き、卵と混ぜて団子状にしたもので、スープに入れて食べる〕ばりに巨大な、おいしい金額を持ちかけてきたところもあったが、やはり正式な申し出ではない。

マークもエドゥアルドも、この手の話は真剣に受け止めないようになっていた。たとえ売却する気があったとしても、話し合いに応じようともしなかった。現在、ザ・フェイスブックには十五万人もの登録者がいたし、毎日数千人が新しく登録している。この調子でいけば、かなりの金を稼げるはずだとエドゥアルドは確信していた。しかし学期も終わりに近づいて、エドゥアルドとマークは、次の重要な決断を迫られていた。

ダスティンとクリスの協力があっても、ザ・フェイスブックの仕事は、もはやフルタイムの仕事と言えるほど忙しくなっていた。だが、学期が終了すれば、すべてのバランスがとれるようになる。もちろん夏の間、エドゥアルドとマークの生活の中心がザ・フェイスブックであることには間違いがない。

この一ヶ月で、エドゥアルドは、スポンサーとの話し合いを進展させていた。彼は、全米、地方を問わず、積極的にザ・フェイスブックを紹介して回り、大手数社から無料のテスト広告掲載の合意を取り付けた。そこにはシンギュラー・ワイヤレス（Cingular Wireless）〔のちに米国最大手の電話会社AT&Tに買収されAT&Tモビリティ〕、AOL、モンスター・ドットコム（Monster.com）などの名前もあった。

さらに、ハーバード・バーテンディング・コース、セネカクラブのレッド・パーティ、メイザーハウスのアニュアル・「レイザー」・ダンスなど、学内の組織から広告をとることもできた。民主党学生部は、次回のニューハンプシャー州訪問を知らせる広告のため一日三十ドルを支払ってくれることになっている。ザ・フェイスブックから、わずかながらも収入が得られるようにはなったが、多くの利用者に一日二十四時間対応するためアップグレードや管理維持など、日に日に増大するサーバコストを賄うには十分ではなかった。とにかく、すべてはまだ始まったばかりだった。

エドゥアルドは、ビジネスの体制面でも動き始めていた。彼とマークは、四月十三日にザ・フェイスブックを法人化し、エドゥアルドの家族が住むフロリダに The Facebook, LLC を設立した。法人登記には、マークの寮の部屋で合意した内容に基づいて、マークが六十五パーセント、エドゥアルドが三十パーセント、ダスティンが五パーセントと所有権が記載された。クリスにも何パーセントかの所有権を認めることになっているが、今のところ比率は決まっていない。いずれにせよ、法人登記を行ったことでザ・フェイスブックは会社としての実体を持つことになった。たとえまだ実際に利益を上げていないとしても。

法人登記を行ったザ・フェイスブックは、相変わらずウィルスのように会員数が増殖していたが、学期終了後に取り組むべき課題が残されていた。

マークもエドゥアルドも、形だけは夏季休暇中の仕事探しを始めていた。マークはやる気になりそうな仕事を見つけられなかったが、エドゥアルドの方は、フェニックスの人脈や家族の友人のつてを通じて、ニューヨークにある投資銀行での実務研修という、かなり良い仕事を見つけていた。

ただ、エドゥアルドは、本当にその仕事をすべきかどうか迷っていた。父の意向を考えれば、良い仕事だろう。父がこの仕事をすることを喜んでいるのは間違いない。ザ・フェイスブックは成長を続け、大人気を博してはいるが、まだ収益を上げてはいない。

一方この実務研修は、まっとうな仕事であり、絶好の機会でもある。ザ・フェイスブックが求めるスポンサーのほとんどは、たいていニューヨークに本拠を置いている。となると、実務研修を受けながら、空いた時間にザ・フェイスブックの仕事もできるのではないか。

エドゥアルドがこのアイデアをマークに持ちかける前に、マークから爆弾発表があった。ザ・フェイスブックの仕事は最優先だが、高校時代からの友人でプログラマ仲間でもあるアダム・ダンジェロ（共同で「シナプス」というMP3プレーヤー用のプラグインも作った男だ）と、コンピュータサイエンス科の同窓生アンドリュー・マッカラムと一緒に、ワイヤーホッグ（Wirehog）というサイドプロジェクトを始めるというのだ。

ワイヤーホッグは基本的に、ナップスターとザ・フェイスブックをかけ合わせたような、ソーシャルネットワーク風のファイル共有プログラムだ。ワイヤーホッグのソフトウェアをダウンロードしたユーザーは、自分専用のプロフィールページを持ち、そのページにアクセスすることで、音楽や写真や動画をクローズドネットワークの中の友人と共有できる。

ワイヤーホッグの仕事が完了したら、このアイディアをザ・フェイスブックのアプリケーションとして取り入れようというのだ。それと並行して、マークとダスティンはザ・フェイスブックのアップグレード作業も続ける。ザ・フェイスブックを利用する学校も、現在の約三〇校から、夏が終わるころには百校以上に増やしたい。

これは大変な仕事になる。ワイヤーホッグプロジェクトと同時進行となればなおさらだ。しかしマークは、困っているというよりは、楽しみにしているように見えた。それに、マークが自分の時間を二つのプロジェクトに割くのだから、エドゥアルドも実務研修を受けるという後ろめたさがやや軽くなった。

だが、マークが発した二つ目の爆弾発表には、エドゥアルドもやや不安になってきた。マークがそのニュースをエドゥアルドに明かしたのは、つい昨日のことだった。エドゥアルドはもう実務研修を受けることになっていて、ニューヨークに部屋を探し始めていた。

マークが言うには、この二、三週間、自室で六缶パックのベックス・ビールを飲みながらいろいろ考えた末、数ヶ月間にわたってカリフォルニアに滞在するという結論に達したのだそうだ。ワイヤーホッグとザ・フェイスブックの仕事はシリコンバレーでする。シリコンバレーは、マークのようなプログラマーにとって伝説の地であり、彼らのヒーローたちのいる場所だ。

偶然ではあるが、アンドリュー・マッカラムもシリコンバレーでEAスポーツの仕事に就くことになっていたし、アダム・ダンジェロもカリフォルニアに行く予定だった。マークと仲間たちは、一時スタンフォード大学のすぐ隣の街、パロアルトのラ・ジェニファー・ウェイという通りに、家賃の安い部屋を見つけた。マークにとっては完璧なプランだった。ダスティンも連れて、貸部屋にオフィスを開き、ザ・フェイスブックとワイヤーホッグを運営する。カリフォルニア州シリコンバレー。オンライン世界の中心地だ。

それから一日経ったが、エドゥアルドはまだ、マークの提案を受け入れかねている。正直、彼には耳にすることすべてが気に入らなかった。彼にとってカリフォルニアはニューヨークからあまりにも遠いし、誘惑の多い危険な場所だった。エドゥアルドがニューヨークでスポンサー探しに奔走している間、二、三列後ろの席に座っていた、ベンチャーキャピタルの男は、マークのことを追っていたのだろう。スーツの男が、ショーン・パーカーのようにここぞというツボを心得た人間だったら、エドゥアルドにとって事態は悪化するばかりだ。カリフォルニアでビジネスなんて論外だ。第一、マークとダスティンはプログラマーであり、ビジネス担当はエドゥアルドのはずだ。だけど、彼らと離れていて、最初に合意したとおりにビジネス面を取り仕切ることなんてできるのか。

しかしエドゥアルドがマークの発言に懸念を示すと、マークは肩をすくめただけだった。同時に二箇所に分かれて仕事ができない理由はない。マークとダスティンは、プログラムの仕事を続け、エドゥアルドはスポンサーを探し、資金の管理をする。いずれにせよ、この件については話し合う時間がない。マークはすでに決心してしまっていたし、エドゥアルドはニューヨークで実務研修を受けることが決定していた。彼らは、うまく折り合いをつける方法を見つけなければならなかった。

エドゥアルドはマークのアイデアが気に入らなかったとは言え、二、三ヶ月我慢すればいいだけの話だ。それがすめば、みんな大学に戻ってきて、ベンチャーキャピタルの灰色スーツに追い回される日々が帰ってくる。

「ベンチャーキャピタルの彼と話してみようか」振り返ると百ワット電球のような微笑みを返してきた男を見ていたエドゥアルドは、前を向いて小声で言った。「君も来るだろう? ランチ代が浮くよ」

マークは首を横に振った。「インターンの面接が今日なんだ」

エドゥアルドは、以前あった話を思い出した。マークとダスティンは、カリフォルニアに行く時に、インターンを二人連れて行くことになっている。夏の終わりまでに百校を目指すならば、それは必要人員だ。しかし当然のことながら費用がかかる。無給でアメリカの向こう側まで従っていくような人間などいるはずがない。コンピュータサイエンス学部での講義中に彼らが話していたのは、夏の仕事には、ラ・ジェニファー・ウェイの部屋代と食費を含めて、約八千ドルかかるという話だった。ザ・フェイスブックがまだ利益を上げていないことを考えても、その経費は相当な額だった。しかしエドゥアルドは、自分が投資で得た配当から、またプロジェクトに資金を提供することにした。二、三日したら、彼はバンク・オブ・アメリカに会社名義の口座を新設することになっていた。その口座に一万八千ドルを入金し、カリフォルニアでの業務用にと、マークに白紙の小切手帳を手渡すつもりでいた。ビジネス面に取り仕切る者として、それは当然のことだと思われた。

「ヤボ用をすませたら」エドゥアルドは答えた。「面接の手伝いに行くよ」

「きっと面白いよ」とマークが答えた。エドゥアルドは、マークが意味あり気な笑いをかすかに浮かべたのに気がついた。マークの世界は普通とは違っているから、「面白い」にも裏の意味があるのだろう。


「用意、スタート！」

廃虚のような地下教室の中に入ったエドゥアルドの目に飛び込んできたのは、とんでもない数の人だった。叫び声や、騒々しい笑い声や、拍手喝采のせいで、耳がおかしくなりそうだった。いったい何が起こっているのか、知りたくても、人の山をかき分けて進まなければ、中の様子はわからない。集まっていたのはほとんどが新入生か二年生の男子のようで、全員がコンピュータプログラミング専攻らしい。

彼らの青白い顔や、この天井の低い、超現代的なコンピュータルームでさも居心地よさそうにしている様子を見れば、それは明らかだ。学生たちはエドゥアルドが人ごみをかき分けようとしても、全く意に介していない。やっと最前列に飛び出した彼は、何が起こっているのかを目にした。ゲームは今や最高潮にあった。エドゥアルドが想像していた以上の、とびきりの「お楽しみ」が展開されていた。

コンピュータ室の中央にはスペースが空けてあった。そこにただのテーブルが五脚、一列に並べられ、テーブルの上にはそれぞれノートパソコンが載っている。パソコンの脇には、ジャック・ダニエルが注がれたショットグラスがずらりと並んでいる。

五人のギークがパソコンに向かい、ものすごい勢いでキーボードを叩いていた。テーブルの前には、ストップウォッチを手にしたマークが立っていた。

エドゥアルドは、パソコンのディスプレイがよく見えるところにいたが、画面には数字や文字がごちゃごちゃと並んでいるようにしか見えなかった。パソコンに向かう五人は、複雑怪奇なコードで競い合っているのに違いない。マークとダスティンが考えた、プログラマーの適性テストなのだろう。プログラムを、あるところまで書き上げると、画面が点滅する。すると受験者は顔を上げ、グラスを一杯空ける。その度ごとに、観衆からは歓声が上がり、それから受験者はまたプログラミングを続ける。

エドゥアルドは、フェニックスに入った時のイニシエーションで参加したボートレースのことをすぐ思い出した。これはマークが想像力とコンピュータの才能とで生み出した、彼なりのファイナルクラブのイニシエーションなのだ。下級生たちにとっては競争であり、テストであり、世にも変わった新規採用面接でもあるのだろう。この光景に圧倒されるような人間だったら、この場に出ようとは思うまい。

彼らは本当に楽しそうな表情をしている。ハッキングと一気飲みを繰り返し、プレッシャーのかかる状況でプログラミングの才能を披露している。そしてそれが、マークが望むところなら喜んで従うという意欲の表れなのだ。カリフォルニアだけではない。マークが行きたいと言えば、本当にどこにでもついていくのに違いない。彼らにとって、マークはもはや単なるクラスメートではない。彼は瞬く間に神となったのだ。

叫び声、キーを叩く音、ウィスキーの一気飲みがさらに十分続き、ついに二人が、ほとんど同時に席から立ち上がった。椅子が後ろにひっくり返った。

「採用決定！　おめでとう！」

と同時に、誰かがMP3プレイヤーの再生ボタンを押すと、部屋の隅に置かれたスピーカーから、ドクター・ドレー〔エミネムなどを手がけたアメリカの音楽プロデューサー、ヒップホップ・ミュージシャン〕の曲が流れ始めた。

California, it's time to party（カリフォルニア、さあパーティの時間だ）……

エドゥアルドは笑うしかなかった。観客が彼の周りに集まってきて、部屋の中央は押すな押すなの騒ぎになった。誰もが新入りのインターンを祝福しにやって来たのだ。エドゥアルドは後ろへと押しのけられた。人の波にもまれながらも、得意の絶頂にあるマークの姿を目にすると、エドゥアルドも満足した気分になった。マークとダスティンも部屋の中央までやって来てインターンたちを取り囲んだ。小さな秘密結社の誕生だ。その時エドゥアルドは、アジア系の美しい女性がマークの横にいるのに気がついた。背の高い中国人で、髪は黒く、笑顔がとても素敵だった。この二、三週間、ほとんどマークとべったりだった子だ。名前はプリシラといった。エドゥアルドは、この子はマークの彼女になるのだろうと思った。つい四ヶ月前には思いもよらなかったことだ。

二人にとって、状況は確かに変化していた。この時、プログラマーたちに囲まれて、マークは心底楽しそうにしていた。エドゥアルドもまた幸福だった。たとえこの場では、傍観者だったとしても。

きっとうまくやっていけるはずだ。エドゥアルドはニューヨークで会社を切り盛りし、マーク、ダスティン、マッカラムの三人とインターンたちは、カリフォルニアでプログラミングに専念する。それに向こうにいる間に、シリコンバレーでさらに人脈ができるかもしれないし、ザ・フェイスブックが一層発展することで、エドゥアルドもさらに人脈を開拓することができるだろう。

自分たちはチームだ。そして、自分はチームの一員だ。たとえ三千マイルの果てから彼らを見守ることになるとしても。

とにかく、三ヶ月すれば、みんな大学に戻ってくる。エドゥアルドは四年生に、マークは三年生に進級し、また普段の生活が始まる。その時には、彼らは金持ちになっているかもしれない。多分今と全く同じようにして、自分たちの会社がどんどん大きくなるのを見守っているだろう。いずれにしても、この事業を始めたころとはすっかり変わっているだろう。しかし、エドゥアルドは素晴らしい未来が待っているはずと信じていた。不安は振り払ってしまおう。それがチームの一員の役目だから。くよくよ考える必要はない。

第一、たった数カ月の間にそんなに悪いことが起きるはずはない。エドゥアルドは自分にそう言い聞かせた。

第二〇章　タイラー達の逆襲

「スリー」
「ツー」
「ワン……」

ディヴャとキャメロンが一台のデスクトップコンピュータの前にかがみこんでいる。その様子を見ていたタイラーは、クリスタルのシャンパングラスを持つ手の指から血の気が引いていくのを感じた。ディヴャの指は、これからコンピュータのキーボードを叩こうとする格好のまま、宙に浮いていた。彼はもったいぶって、この儀式をできるだけ劇的にしようとしていた。

普通なら、これは劇的な瞬間のはずだ。二〇〇二年から二年近い月日をかけて開発したウェブサイトを立ち上げるところなのだ。サイトにはコネクトU（ConnectU）という新しい名前を付けた。彼らはこの数ヶ月に受けたダメージから立ち直るためにいろいろと試行錯誤したし、ハーバードコネクションの基本コンセプトがさまざまな大学で受け入れられることはザ・フェイスブックによって証明済みだ。こうして、コネクトUがオンラインで公開される準備は整った。ディスカッション、プランニング、不安要因の解決に膨大な時間を費やしたし、サイトのデザイン、画像、機能を決定するまでに何日もかけた。まさに感動の一瞬だ。

だが、実際の雰囲気はそれほど感動的でも、劇的でもなかった。確かに、はたから見ればがらんとして殺風景なクァドのベッドルームで、インド人の若者がコンピュータのキーを押そうとしており、それをうり二つの双子兄弟が見ているだけなのだ。感動しろというのが無理なのかもしれない。

タイラーの持ち物の大半は、ラベルを貼ったダンボールに既に梱包され、小さな部屋の隅に積み上げられていた。あと数時間もすると、彼とキャメロンの父がやってきて引越しを手伝ってくれるだろう。そして二人はハーバードに別れを告げ、実社会へと旅出つのだ。これからの生活が果たして実社会的と言えるかどうかは疑問だが。

キャメロンとタイラーは間もなくトレーニングを開始することになっていた。ハーバードでやっていたのよりずっときつい内容だ。二人の目標達成を後押しするため、彼らの父はコネティカットにあるボートハウスを改修していた。コーチは既に雇ってあるし、大学は卒業した。これから二人は二〇〇八年の北京オリンピックを真剣に目指すのだ。もちろん、今後のトレーニングには信じられないほどの時間をかけることになる。きっとハードで、苦痛を伴い、時には想像を絶するほど厳しいものになるだろう。

けれどもそうやって二人がトレーニングに明け暮れている間も、コネクトUはせっせと稼動してくれるはずだ。上手くいけば全米の大学生に利用されるようになるかもしれない。ひょっとしたら、ザ・フェイスブック、マイスペース、フレンドスターなど、コネクトUに先駆けてウェブ上でウィルスのごとく増殖しているソーシャルネットワークとも張り合うことができるようになるかもしれない。

コネクトUの船出が前途多難なのは、タイラーにも十分わかっていた。「先発者の優位性」というビジネスコンセプトを彼は嫌というほど理解していたからだ。コンサルティング会社の設立者であるタイラーの父は、ウォートンビジネススクールで十二年に渡って教鞭を取っていた。タイラーは、そんな父から先発者の優位性について繰り返し聞かされていたのだった。

製品の質や企業戦略では勝ち抜けない業界がある。そんな業界で重要なのは、新規ビジネスを誰よりも早く立ち上げること、開拓者になることだ。だが、コネクトUは出遅れてしまった。

彼らは、マーク・ザッカーバーグから受けた仕打ちを決して忘れてはいない。タイラーは、マークが彼らからアイデアだけではなく、二ヶ月間という時間も盗んだと思っていた。もし、マークがサイトのプログラミングを引き受けると言わなかったら、タイラーたちは別の人間を探しただろう。断られたら嫌な思いをしたかもしれないが、少なくともサイトの開発を進めることはできたし、彼らの夢を台無しにしたとマークを責めることもなかっただろう。タイラーたちが先発者になれる可能性だってあったのだ。そうしたら今ごろコネクトUは全米の大学生の間で大評判だったかもしれない。多くの人々のソーシャルライフを変えたのはコネクトUだったかもしれないのだ。

腹が立つどころではない。タイラー、キャメロン、ディヴャは、クラスメートたちがザ・フェイスブックについて話しているのを毎日聞かされる羽目になった。しかもいまいましいことに、ザ・フェイスブックは寮の集会所やあちこちのベッドルームのノートパソコンなど、大学以外のいたる場所で目に付いた。テレビのニュースにはほぼ毎週登場したし、新聞でも毎朝のように取り上げられていた。

マーク・ザッカーバーグ、マーク・ザッカーバーグ、マーク・〝卑怯者〟・ザッカーバーグ。

……タイラーは多少被害妄想気味だったかもしれない。マークから見た自分とキャメロン、そしてディヴャは、ザ・フェイスブックの歴史における小さな点に過ぎない。それはタイラーにもわかっていた。マークは頭の弱いクラスメートのために何時間か働いてやり、飽きて去っていっただけなのだ。書名入りの契約書もなければ、労働協約も、機密保持契約も、非競争契約も交わしていなかった。マークがよこしたメールは彼らを馬鹿にしているとしか思えなかった。でも、マークからすると、コンピュータプログラムも書けやしない筋肉バカたちにはもう用などないのかもしれない。そして、羽ばたこうとする自分を支配しようとは何様だと思っているのかもしれない。

タイラーはマークが大学当局に出した手紙を読み、キャメロンが出したサイト停止要求に対して、マークがメールでよこした返答も読んでいた。「そもそも」と、マークはキャメロンに宛てて書いていた。「僕はあなた方のプロジェクトに誘われ、ウェブサイトの接続関連作業を頼まれて、その作業をやっただけです。僕がザ・フェイスブックの開発を始めたのはその後だし、ザ・フェイスブックにはハーバードコネクションと同じ機能やコードは一切使っていません。二つのサイトの共通点は、ユーザが自分についての情報や画像をアップロードできることと、情報を検索できるということだけです」

タイラーとキャメロンは、事情を大学当局に訴えたのだが、マークの大学に対する返答は、更に許し難い内容のものだった。

私は今まで他の学生の起業活動には関与しないようにしてきました。なぜなら、彼らは時間を無駄にする傾向があるうえに、私に創造の余地を与えず、思うように仕事をさせてくれないからです。それにもかかわらず、ウェブサイトについてのアイディアを実現したいという学生たちがいたので、私は自分の知識を活用して、彼らを手助けしようとしたのです。もしかしたら多少の行き違いがあったのかもしれませんし、自分たちのサイトが未完成なのに、先に私のサイトが成功したことで彼らが気分を害しているのはわからないでもありません。けれども、私は彼らに何も約束してはいないのです。率直に言って、私が無償で仕事をしたというのに、彼らが脅迫的な態度に出たことには愕然としました。マイクロソフトなどの潤沢な資金を持つ組織が、良好な契約条件を提示して私に取引を持ちかけてきているので、そういうこともあるかもしれないとは思っていましたが。

しかし、タイラーの神経を最も逆なでしたのは、この手紙の最後の部分だった。タイラーたちのサイトをこき下ろした後、マークは次のように結んでいたのだ。

資本家というのは、私が成功すると必ず分け前をよこせと言ってくるものなのです。ですから、私は今回のことも気にしないようにしようと思います。

タイラーにとって、これはまさに侮辱だった。タイラー、キャメロン、ディヴィヤの三人にとって、問題はカネではなかった。カネのことなど考えたこともなかった。何しろ、タイラーの家は非常に裕福なのだ。

問題なのは名誉、そして正義だった。ビジネスでは名誉や正義を犠牲にしなければならない場合があるだろう。ハッカーの世界では、そんなことより自分は誰よりも頭が切れることを証明する方が大事だろう。だが、タイラーにとっては、名誉よりも大事なものなどなかった。

だが、明らかにマークの方はそう思っていなかった。ここ数週間というもの、タイラーは何度かマークの寮の部屋を尋ねて直接話し合おうとしたが、話し合いが穏便に済むはずはないと思っていたマークはタイラーを避け続けた。

一週間ほど前のある夜、リバーハウスで開催されたパーティーに出かけたキャメロンは、通りの向こうにマークがいるのを見かけた。キャメロンはマークに近づこうとした。その時はただ話をしようと思っただけだったのだが、マークはくるりと背を向けて脱兎のごとく駆け出した。

タイラーは、これはもう話せば何とかなるという状況ではないと悟っていた。話し合いで解決するには、事態はあまりにもこじれてしまっていた。こうなったら、もう後に引くわけにはいかない。

ディヴャがカウントダウンを終えようとしていた。タイラーは邪念を振り払い、コンピュータの前にいる弟と友人に注目しようとした。今はマーク・ザッカーバーグやザ・フェイスブックのことを考えている時ではない。コネクトUが完成したのだ。そしておそらく、自分たちは人生の新しいページをめくることができたのだ。

「じゃあいくぞ」ディヴャが声を張り上げる。「発射！」

ディヴャの指がキーを押し、スクリーンが点滅した。これで完了だ。コネクトUに生命が吹き込まれた。うまくいけば、コネクトUは人々の注目を集めるだろう。大学生たちがサインインし、サイトが拡大していくことを願おう。

タイラーがグラスを上げ、ディヴャとキャメロンはグラスを合わせた。シャンパンの泡が喉を通っていくのを感じながら、タイラーはゆっくりとグラスを空けた。祝杯ムードにも関わらず、シャンパンは苦く感じた。

そして、その苦味が本当はシャンパンのせいではないということを、心のどこかでタイラーはわかっていた。

第二一章　創業者の資質

本質的には、単なる物理的な問題だった。力には、大きさが等しい逆向きの力が働く。力は質量と加速度の積である。それを変えることは、まさしく「物理的に」不可能だった。汗だくになった体重七〇キロのショーン・パーカーが、マホガニー製の特大クローゼットが、こぢんまりとしたバンガローのフロントポーチの階段を転がり落ちないように止める術はなかった。だから、止めようともしなかった。

その代わり、クローゼットがずしんという鈍い音を立てて私道わきの芝生の一角に落ちるまで、ガックリしながらたたずんでいた。耳をすませて何秒か待ってみた。しかし、家の中から何も聞こえてこなかった。よし、ガールフレンドにはこの物音は聞こえていない。ちょっと傷ついたこの巨大な家具を、私道の数メートル先に停めてあるBMWに積み込めれば、彼女にばれないで済む。

ショーンは片ひざを曲げて体重をかけ、重い木の下に手をつっこんで持ち上げようとした。高価なイタリア製のドライビングシューズが何センチか芝に沈み込み、顔は力んで真っ赤になった。胸が苦しくなってきて咳き込み、その場であきらめた。恥ずかしいことだが、ガールフレンドの助けを頼まなければいけないのか。男らしさからは程遠い。しかし、それでもいいかな、とも考えた。彼女がスタンフォード大学の学生だったとき、四年生の最終学期には毎日のように部屋に通っていたのだ。その彼女が、こうして実家に戻ってきたのだから、少しの間、一緒に家族らしいひとときを過ごすのも、二人にとって良いことかもしれない――そう思ったのだ。ひとときといっても、静まりかえった自宅前の芝生を横切って五〇キロのたんすを一緒に運んでもらうだけだが。

「ショーン・パーカーか?」

男たちの声で、ショーンの空想はかき消された。彼が顔を上げると、声の主が後ろにいることに気がついた。男たちは彼女の実家の前を通る、パロアルトの静かな通りのどこかにいるのだろう。彼が振り返ってみても、逆光になったので彼らの顔はわからず、目を細めた。

目が慣れてきたところに、四人の若い男がこちらに向かってきた。この近所に若者がいるのは珍しい。この郊外のコミュニティの中でも、特にしゃれているとは言えない退屈な町だ。小さなバンガロー風の家と、スイミングプールと、綺麗に刈り込まれた芝が延々と続くだけ。あとは、時折、不恰好なヤシの木が見えるくらいだ。ショーンの見たところ、住民の平均年齢は、この子たちより三十歳は上だ。

「大学生だな」着こなしを見てショーンは思った。トレーナーとジーンズ、その間にフード付きのグレーのフリースが一人。

ショーンは最初どの男もわからなかったが、彼らが近づいてくるにつれ、そのうちの一人は間違いなく見覚えがあることがわかった。

「すごい偶然だな」彼が誰であるかがわかると、ショーンは思わずつぶやいた。

マーク・ザッカーバーグの表情を読むのは難しいが、ショーンと同じくらい驚いているように見えた。マークはその場ですぐにルームメートたちを紹介し、最近この近所の家に越してきたことを話した。マークはその家を指差したが、ショーンのガールフレンドの実家から半ブロックと離れていなかった。マークとルームメートたちは、文字通り偶然、ショーンの前に現れたのだ。ショーンは運命とか、そういうものを信じる人間ではない。運命、幸運、何と呼んでもいいだろう。しかし実は、彼の人生こそ、こういう運命的な出来事の連続だったとも言える。

ショーンはニューヨークでマーク・ザッカーバーグを追いかけるのにさんざん苦労した。それなのに、ここカリフォルニアで、この天才少年が彼の懐に転がり込んできたのだ。もちろん、「66」での夕食以来、ショーンとマークは何度か電子メールで打ち合わせて会おうとした。つい数週間前には、ラスベガスで行われた何かのハイテクイベントで会えたら会いたいという話がまとまったばかりだったが、残念ながらその予定も流れた。だが、このほうがもっと都合がよい。最高だ。

ショーンは今の自分の状況を説明した。ガールフレンドが学期末に実家に戻ることになったので、引っ越しを手伝っている。何日かは一緒にいるが、その後はしばらく泊まるところがない。

マークの目つきが変わった。マークがシリコンバレーに来たのは、インターネットの会社を立ち上げるのに最適な場所だと思ったからだ。それならば、ナップスターとプラソという、この街で最も話題になった会社の立ち上げに関わったアドバイザーが同じ家に住んでくれれば、これ以上の朗報はない。マークから正式な申し出はなかったが、ショーンは、マークが関心を持ってくれさえすれば、同居する選択肢はあると確信していた。そしてマークが関心を持っていることはわかっていた。

ショーンは、ウェブサイトを見たそのときからザ・フェイスブックに関わりたかった。すべてがうまくいけば、その生みの親と同居できるのだ。

これ以上、都合のいいことがあるだろうか。

マークは宙に浮いていた。まるで、高校生の下手な演劇に出てくるピーター・パンのように。ただし、ワイヤーで吊されていたわけではない。屋根の上にそびえる煙突の根元からプールの脇の電柱までの間に取りつけた急ごしらえのジップライン〔ワイヤーロープに滑車を取りつけ、人がそれにぶら下がってい移動できるようにした装置〕に必死にしがみついていたのだ。滑り降りながら叫び声を上げていたが、恐怖からというよりただ酔っ払っているだけのように、ショーンには見えた。それでもマークはちょうど良いタイミングで手を離し、空中で一回転してそのままプールの真ん中に落下した。水しぶきが外に飛び散り、野外バーベキューを水浸しにしたうえ、ラ・ジェニファー通りにある家の裏側を囲んでいる木製のデッキにまで達した。さっきと同じ、パロアルトの中心部からたった数キロ離れた、静かな郊外の通りだ。

ショーンはこの舞台にこれ以上ないくらい満足していた。この家は最高だ。マークたちは引っ越してきたばかりなのに、フラタニティのような雰囲気を作っていた。彼らは地元のハードウェア屋でジップラインを百ドルで調達して自分たちで取り付けた。今のところ、被害と言えば、煙突と電柱がわずかに破損したくらいで済んでいた。

家の内装にはあまり手を加える必要はなかった。家具は完備していたから、マークと友人たちはほとんど荷物を持っていなかった。袋をひとり一つか二つと、ちょっとした寝具……それだけだ。マークの両親がフェンシング用具を送ってきたので、フェンシングの剣とヘルメットが散らかっていた。また、エンジニア用のホワイトボードを地元のホームデポで調達していた。ボードにはすでに色とりどりのコンピュータコードが殴り書きされていた。床には空になったピザのケース、ビールの空き缶、そして大量のコンピュータ機器の段ボールの残骸が散乱していた。広すぎるくらいのリビングルームは、学生寮とエンジニアリングラボを足して二で割ったように見えた。そして二四時間、散らかった何台ものラップトップやデスクトップパソコンに誰かしらしがみついていて、配線があちこちでこんがらがっている様子は、墜落したエイリアンの宇宙船をほうふつとさせた。ＢＧＭはオルタナティブロックとハードワイヤードロックが半々。特にグリーン・デイがよくかかる。無鉄砲なハッカー集団にはよく似合っていた。

ショーンからすれば、マークが編成したチームは完璧なエンジニアリング部隊で、満足できるものだった。インターンのスティーブン・ドーソン＝ハガティとエリック・シルニックの二人は、どちらもコンピュータサイエンス専攻の一年生。彼らを含めてすべてのメンバーが、リナックス（Linux）とフロントエンドのプログラミングに精通していた。ダスティン・モスコヴィッツ、アンドリュー・マッカラム、そしてマークは、まさに「ブレーン」と言える存在だった。

仕事至上主義は徹底していた。この集団は昼夜を問わず働いた。寝るとき、食べるとき、ジップラインを伝ってプールに飛び込むとき以外、いつもコンピュータに向かっていた。マークもそうだった。いや、マークは特にそうだった。正午から早朝の五時までコーディングを続け、ザ・フェイスブックに次から次へと大学を追加し、アプリケーションを追加し、ワイヤーホッグを開発していた。彼らは最高のクルーだった。生まれたての素材としては、これまでショーンが見た中でおそらく一番だった。

ショーンがこの家で見かけなかった唯一の人物はエドゥアルド・サヴェリンだった。当初はエドゥアルド不在で混乱があった。ニューヨークでは、エドゥアルドがザ・フェイスブックの実質的な経営トップであると紹介され、ウェブサイトの経営面はすべて彼が担当するのだと、何度もしつこいに説明されたからだ。しかし、ショーンがラ・ジェニファー通りの家に足を踏み入れたその瞬間から、エドゥアルドがザ・フェイスブックの日常業務にまったく関わっていないのは明白だった。

マークは、エドゥアルドが投資銀行での実務研修のためにニューヨークに行ったとショーンに説明した。その瞬間、ショーンは嫌な予感がした。ナップスターとプラソという二つの企業の内部にいて、さらに多くの企業の成功と失敗を目撃してきたショーンにはわかっていた。起業において最も重要なのは、創業者のエネルギーと野心なのだ。起業に挑み、本当に成功したいと思えば、プロジェクトに人生のすべてを賭ける必要がある。呼吸の一つ一つまでがプロジェクトのため、という状態にならなくてはいけない。それも毎日、一日中だ。マーク・ザッカーバーグはまさにそんな人間だった。彼には牽引力、スタミナ、そして才能があった。マークは明らかに天才だった。だがそれ以上に、起業をやり遂げるのに必要な、並外れた集中力があった。マークが朝の四時や五時までプログラミングするのを毎日眺めているうちにショーンは、再び活気に満たされつつある現代のシリコンバレーにおいて、真に偉大なサクセスストーリーを生み出す素質が、マークに備わっていることを確信するようになった。

だが、エドゥアルド・サヴェリンはどこにいるのだろう？　いや、もっと正確に言おう。そもそも、エドゥアルド・サヴェリンはまだ必要なのだろうか？

エドゥアルドは感じの良い男なのは間違いない。そして、最初の段階ではチームの一員だった。マークによれば、彼は最初のサーバ代を払うために千ドルを立て替えてくれたという。そして今この瞬間の業務に使われているのは彼の金だ。このことがあって、確かにエドゥアルドはそれなりに重要だ。創業時の投資家はみんなそうだ。だが、その後は?

エドゥアルドは自分をビジネスマンだと思っていた。だが、それが何の意味を持つというのか。シリコンバレーで行われているのはビジネスではない。シリコンバレーでは、皆、終わりのない戦争をしているのだ。ここで生き残るには、どんな経営学の授業も教えてくれないようなことをしなければならない。

そもそも、ショーンは大学にすら行っていない。高校在学中にナップスターを立ち上げている。ビル・ゲイツはハーバード大学を卒業していない。シリコンバレーのサクセスストーリーの主人公に、学校教育を全うして出世した、という者は誰もいない。成功した奴らは、単身でここにやって来たのだ。ダッフルバッグ一つとノートパソコンだけを持って。

エドゥアルドはここにはいなかった。そして、ショーンが見るかぎり、エドゥアルドはここにいることに興味がなかった。したがって、ショーンは自分で描いていた青写真からエドゥアルドを追い出すことにした。

ショーンにはマークが、そしてマークのチームがいた。ザ・フェイスブックがあった。自分の力が加われば、自分が追い求めていた十億ドル規模のプロジェクトをマークたちに実現させることができると、ショーンは本気で信じていた。運命は、彼を正しい場所に三たび導いたのだ。ほとんど荷ほどきもしないまま、家の中の空いている場所にマットレスを敷いて寝ているだけで、この仕事を成功させることができる。

まずこの子たちに、この革命の意義をを教えよう――ショーン・パーカーにとって、それこそがシリコンバレーのすべてだったからだ。絶え間ない、永遠に続く革命。ショーンは彼らに、シリコンバレーの真の姿を見せたかった。それは自分にしかできないことだと思っていた。

家のあちこちを見て回り、フェンシング用具とピザの箱に囲まれた若者たちを見ていて、この生活をもう少し洗練されたものにするために、ちょっとしたレッスンが必要だとショーンは感じた。彼らが作っているのは最高のソーシャルネットワークなのだ。真のソーシャル、つまり社交的であることとは何か、その理解くらいはあっていい。ショーンは、自分こそ彼らにそれを教えるのにうってつけの人間だと思った。

ショーンは街のロックスターだった。そしてマーク・ザッカーバーグが、やがてショーンが色褪せて見えるほどのスターになる可能性は大いにあった。ザ・フェイスブックは大成功する。それは、マークがいかに不器用で欠点だらけの人間であっても、街のヒーローになるということだ。その時のため、パーティ、おしゃれなレストラン、女の子たちにどう対処すればいいのか、手ほどきをしてやらねば。

エドゥアルドが会社の次のステージからいなくなってしまうのは残念だ。だが、それはこのゲームでは日常茶飯事だ。エドゥアルドは正しい場所に、正しいときにそこにいた。しかし場所は移り、時は光の速さで動いている。エドゥアルドはしがみつこうとするかもしれない。しかし、その素質がないことはすでに明らかだった。

「かわいそうに」ショーンはひそかに思った。

自分の隣に立っている男が稲妻をつかんだとき、何が起こるのだろうか。稲妻が男と自分を一緒に成層圏まで運んでくれるのだろうか。

いや、もしかすると、しがみつこうとしたら、自分だけが黒こげになってしまう、そんなこともあるかもしれない。

第二二章　ショーン主催のパーティー

アメリカン航空、ボーイング七五七型機のやや幅広の機体が滑走路に向かって地上を動き出す頃、外では激しい雨が降り、陰鬱な雰囲気になっていた。エドゥアルドは丸窓のほうへ顔を向けていたが、雨のほかには何も見えない。前方に何機の飛行機が並んでいるのか判断はつかなかったが、JFK空港・金曜の夜・ひどい天気とくれば、機体がしばらく滑走路で待たされる可能性は高い。サンフランシスコに到着するのは、予定時刻の夜一〇時よりも大幅に遅くなると思われた。エドゥアルドの勘では深夜一時にはなる。空港でマークたちに拾ってもらうときには、疲れ切っているだろう。が、そんなことはどうでもいい。予定していた夜のうちに、とにかく行かねばならない。

飛行機がゆっくりと進むにつれ、徐々に出力を上げていくエンジンの振動が疲れた筋肉に響く。エドゥアルドは狭いエコノミーの窓側のシートに背中をあずけて、リラックスしようとした。いつものジャケットとネクタイ姿のままだったが、六時間のフライトがあれば眠れるはずだ。

ニューヨークではここ一カ月ほど、睡眠時間をかなり削っていた。一日一〇時間はあちこちの会社を回って、スポンサーを探し、投資家、ソフトウェア・メーカーなど、どんな理由であれザ・フェイスブックに興味を持ってくれそうな人と片っ端から打ち合わせをする毎日だった。それから、主に同じくマンハッタンで夏を過ごしているフェニックス出身の友人と一緒に夕食に行ったり、夜はニューヨークのさまざまなクラブに繰り出したりしていた。自称「彼女」のケリーと会っていたこともあった。以前は本当に彼女だった時期もあるのだが、どうも、まともな子ではないということが徐々にわかってきて、興味が薄れてしまっていた。

投資銀行での実務研修は初日で辞めた。一〇週間は通うはずだった狭い仕事場に座り、研修の仕事だった在庫管理書の分析をするまでもなく、数分後には辞めてしまったのだ。エドゥアルドはそのことを一瞬たりとも後悔しなかった。あの瞬間、自分はマークと一緒に寮で立ち上げたビジネスを無視したら、父のような本物のビジネスマンにはなれはしない、と実感したのだ。とはいえ、ザ・フェイスブックの将来にも不安は感じていた。カリフォルニアにいるマークやチームのメンバーはどうしているのだろう。彼らは今何を目指し、何を達成しているのだろうか。そしてなぜもっと頻繁に電話してこないのだろう、と考えると、エドゥアルドの不安はつのった。

固くて狭すぎる座席の中で身を伸ばしながら、そんな自分に少しあきれる。自分はおそらく、もう別れようと思い始めているイカれ気味のガールフレンドのような考えに陥って、ちょっと嫉妬深くなってしまっているのだ。土壇場になってカリフォルニア行きを決めた本当の理由は、心配無用だと確認するためではなかったか。

今日が終わる頃には、ザ・フェイスブックは大丈夫だとふたたび感じているはずだ。マークや他の仲間たちとで楽しく騒ぎ、少し仕事をする。すべては順風満帆。何もかもがうまく回っていくだろう。

マークは、ショーン・パーカーが招いてくれたパーティーについて話していた。有力な企業家がこぞって集まるチャリティパーティーのようだ。楽しくもあるだろうが、ベンチャー・キャピタルやシリコンバレーの大物たち、インターネット・セレブなど、投資をしてくれそうな人たちと会う機会にもなる。マークの話では、ショーンにはすでに似たようなパーティーに何度も連れて行ってもらったという。カリフォルニアに着いてからの一ヶ月で、マークはスタンフォード大学の夏の社交パーティーにも顔を出したし、サンフランシスコのハイテク業界のパーティーにも出た。ロサンゼルスにも何回か出かけてハリウッド上流階級のパーティーにも出席していた。

ショーン・パーカーはあらゆる人々と顔見知りだった。彼を通じて、誰もがマークとも顔見知りになった。ザ・フェイスブックは大注目の新顔というわけではなかったが、徐々に街の話題になり始めており、みんなが人気上昇中のソーシャルネットワークの若き立役者と知り合いになりたがっているようだった。エドゥアルドはマークと話すたび、自分がニューヨークにいるせいで見逃した新たな進展やパーティーやディナーの話を聞くたびに、不安をつのらせずにはいられなかった。

さらに悪いことに、マークはいつものマークだった。顔を合わせていても真意のわかりにくい男なのに、電話ごしではさっぱり読めなくなってしまう。ときにはまるでコンピュータに話しているようだった。こちらが言うことはきいているし、話は飲みこんでいるが、返事は必要だと思ったときしかしない。全く何の反応も示さないこともあった。

広告主獲得に向けたエドゥアルドの努力はようやく実を結び始めていた。具体的には、メディアマーケティング会社のY2Mとの契約をまとめたほか、大手企業からもかなり有望な約束を引き出していた。しかし、エドゥアルドはその喜びを表に出すつもりはなかった。マークたちもサイトの機能増強のため昼夜問わず作業していたのだし、登録する大学の数もどんどん増やしていたからだ。頑張っているのは皆同じなのだ。このスピードなら、八月末までにはメンバー数が五〇万人を突破するだろう。莫大な人数だ。だが、そんな驚異的な成長のせいで、新たな問題も生じていた。

最大の問題は、近い将来必要になる追加資金だった。エドゥアルドがバンク・オブ・アメリカに預金した一万八千ドルは今も減り続けている。口座を開設した時点で彼がマークに与えた白紙の小切手がどんどん使われているからだ。入ってくる広告費は、需要に応え続けるに充分な額ではない。今のサーバでは、五〇万人のユーザーには対応できない。それに、まもなく二人のインターンだけでは経営維持にも手が足りなくなる。本物の社員を採用し、正式なオフィスを構え、正式に弁護士も雇って……課題は山積みだ。

こうしたもろもろの課題を、エドゥアルドは話し合おうと思っていた。マークと一対一になれたら、すぐにでも。その場にショーンは必要ない。パーカーがどんなに豪華なパーティーに連れ出してくれたとしても、所詮はマークの客にすぎない男には関係のない話だ。

突然、ポケットから振動を感じた。携帯の着信だ。エドゥアルドは携帯電話の電源を切っていなかったことに気がついた。タクシーから空港までは電波が入らなかったのだが、人工衛星でも見つけたのか、急に圏内になったらしい。窓の外に目をやって、機体がまだ滑走路にあるのを見てから、ポケットの中の携帯を引っ張り出した。

画面を見た彼は、うんざりした。

二三通のテキストメッセージ。すべてケリーからだ。まったく。

ケリーはボストンにいる。今も寮にいて、夏季講習を受けている。エドゥアルドは一昨日の夜に、マークたちと何日間か遊ぶためにカリフォルニアに行く、と電話でケリーに話していた。彼女はそう受け取らなかった。どうせザ・フェイスブックで知り合った女の子とパーティーするんでしょ、とひがんだのだ。バカバカしい。もちろん、ザ・フェイスブックを通じてたくさんの女の子と知り合ったし、ウェブサイトのおかげで彼らがキャンパス内外でかなり知られるようになったのも事実だと認めよう。まあ、少なくともマークが有名なのは確かだ。何せ、彼の名前がページというページに表示されているのだから。

だが、ケリーはひたすら怒り狂っていた。別にどこの誰とも知らない女の子とパーティーをするわけではなく、シリコンバレーの社交の場に出るだけだと言っているのに。エドゥアルドはケリーに対して落ち着くように返信した。

そういえば、前回彼女の寮の部屋に行ったとき、クローゼットに贈り物を置いてきた。サックス・フィフス・アヴェニューのギフトボックスに入って、綺麗に包装された新しいジャケットだ。箱を開けるように伝え、僕はこうして君のことを考えているのだから心配するな、と伝えた。

そして携帯を閉じ、再びポケットに突っ込んだ。エンジンが力強く回り始め、機首が持ち上がり、彼は固い座席に押し付けられた。そうだ、これ以上、心配ごとを増やしてどうする。

今は、やきもち焼きのガールフレンドを相手をしている場合じゃない。

――

「心配するな。いや、心配してもいいけど、ちゃんと走るんだ」

マークの後をついてターミナルを抜けたエドゥアルドは、縁石ぎりぎりに停車した車を見て眉をつり上げた。彼にはどこのメーカーの車だかもわからなかったが、とにかく、とんでもなく古い。全体がガタついている。タイヤの一つが他の三つよりもわずかに大きいらしく、車体が変なふうに傾いている。その車はスクラップ同然だった。

マークはこの車を数日前にクレイグスリスト〔利用者同士で物の売り買いなどをするサイト〕で手に入れたのだから、ボロいのも当然と言えば当然のことだった。キーさえ使わず、イグニッションをいじってエンジンをかけるのだ。メリットは、盗まれる心配をしなくていいことだった。

エドゥアルドはダッフルバッグをトランクに投げ入れ、後部座席に乗り込んだ。運転はダスティンで、ショーン・パーカーの姿は見えない。

「ショーンは自分のBMW iシリーズで先にパーティーに向かったよ」

とマークが説明した。VIPテーブルをリザーブしてあるのだという。ドアマンにマークたちの名前を告げてあるので、問題なく入れるらしい。

ショーンがいない。これは好都合だ。エドゥアルドにとっては、空港からのパーティー会場に向かうまでの車内でマークと久しぶりに会話をする時間を作れるからだ。

例によってマークは聞き役に回り、ほぼエドゥアルドが話をした。Y2Mとの契約について、その他の広告主候補との交渉の進捗状況について、詳しく説明した。今後の資金調達計画や、ザ・フェイスブックが展開している各地域で地元の企業から広告を取るアイデアも話した。それから、嫉妬に狂ったガールフレンドのこと、ニューヨークからのフライトの間に二三通もメッセージを送ってきたことも話した。

マークは聞いているようだったが、いつもと同じように一言しか発しないから、何を考えているのかわからない。マーク側の進捗状況、ここ一カ月のカリフォニアでの展開、ショーン・パーカーやインターンの働きぶり、パーティーの様子などが知りたくても「順調だよ」と言うくらいだ。エドゥアルドにしてみれば、何の参考にもならなかった。

その間、車が丘の上の街にある混雑した狭い通りをのろのろと走ると、窓の外をきらめく都会の景色が流れていった。エドゥアルドにとって、見たこともないほど美しい場所だ。しかし同時に奇妙な場所にも思えた。家々はまるで重なり合って建てられているようだし、曲がりくねった道は山のような丘を縦横無尽に走っていて、一部にはケーブルカー用の敷石と電線のある道もある。絵葉書のような風景。華やかで趣ある街角を過ぎると、今度はたき火のまわりにホームレスの一団がよろよろと集まる一角が現れたりする。

ギアリー・ブールバード大通りを通り過ぎテンダーロイン地区の中心に入ると、豪華な光景は消えてホームレスの数が増えていった。目指すクラブはオファレル・ストリートの先、小切手現金化窓口やファストフード・レストラン、マッサージ店などがひしめく、あまり柄の良くない一帯の中心にあった。車がエントランスをくぐっていくと、エドゥアルドの目には、外に続く長蛇の列と、黒いスーツ姿でヘッドセットを装着した大柄な男がドアの前にいるのが見えた。

「期待できそうだな」エドゥアルドは言った。ダスティンは、山と積まれ、縁石を埋め尽くしそうになっているガラクタのすぐそばに車を停めた。ホームレスの男たちは、車に見向きもしなかった。

「列に並んでるの、男より女のほうがずっと多いな。幸先が良いぞ」

車を降りてクラブの正面扉に近づく。いつものようにマークが躊躇しているので、エドゥアルドが先に立ってヘッドセットをした大男に歩み寄った。男は、ジャケットとネクタイを手に持ったエドゥアルドをギロリと見たあと、いかにもコンピュータ・プログラマーらしい服装で数歩ほど後ろにいるマークとダスティンに目をやった。男の表情が物語っていた——おいおい、このガキどもを入れるつもりでいるのか？　いくらサンフランシスコとはいえ、基準ってものがあるんだぜ——。

エドゥアルドが自分たちの名前を告げると、男は義務的にヘッドセットで確認した。そして驚いた様子で肩をすくめ、扉を開けた。

中は暗く、低音が響いていた。二フロアになった室内の天井は低く、明るい光を放つストロボライトが多数とりつけてあり、バーの上の、カーブしたルーサイト（アクリル樹脂）製の階段がVIPセクションへと続いている。円形になった革張りのボックス席だ。周囲とは、ベルベットのロープで仕切られている。大音量の音楽はオルタナティブ系とダンス系のミックスだ。マイクロミニのスカートにへそ出しのトップスを着たウェイトレスが人ごみの中をすり抜けながら、甘ったるそうな明るい色合いのマティーニグラスを積み上げたトレイを運んでいる。かなり混雑していて、ウェイトレスはマティーニを倒さないようにするだけでかなり苦労していた。

エドゥアルドたちが何とか三メートルほど人ごみに分け入ったところで、階段の方角から大音量の音楽ごしに声が聞こえた。ショーン・パーカーがＶＩＰセクションに続く階段の中ほどに立って、さかんに手を振っているのが目に入った。

「こっちだ！」

階段までたどりつくまで五分近くかかり、そこでヘッドセットをした別の警備員に名前を言わなければならなかった。そしてショーンの後についてＶＩＰセクションに上がり、革張りのテーブルのひとつに着いた。恐ろしく高いであろうウォッカを、ショーンがグラスに注いでくれた。

座って酒を飲んでいると、ショーンはすぐに、このクラブに前回来たときの話を始めた。何かの授賞式の後で、ペイパルの創業者らと一緒だったという。いつもの早口でエキセントリックな喋り方でまくしたて、しかもかなり神経質な様子で、テーブルにドリンクをこぼしたり、ブーツを短くしたような革靴でしきりに床を踏み鳴らしたりしていた。だが、ショーンはいつでもそんな感じだとエドゥアルドは知っていた。彼の脳は、他人よりもずっと速い速度で動いているのだ。

話し続けるショーンをよそに、エドゥアルドはどうしてもとなりのテーブルに気を引かれてしまった。これまで見た中でも最高に魅力的な女の子が集まっていたからだ。女の子は四人いて、どの子も同じくらいセクシーだった。二人は金髪で、黒のカクテルドレスを着て、ストッキングを着けない脚がまるでエイリアンのように長い。あとの二人はブルネットで、正確にはどこの出身かわからないがエスニック系だ。片方は革製のビスチェを着ていて、胸のところが大きく膨らんでいる。もう片方は下着と間違えても無理はなさそうな薄っぺらのサマードレスを着ているだけだ。

彼女たちが誰だかわかるまで、少し時間がかかった。エドゥアルドはこんな美人を今まで見たことがなかったのだが、それも当然だった。彼女たちは下着ブランドのヴィクトリアズ・シークレットのモデルだった。カタログそのままの姿だ。そして、さらに衝撃的な光景も目に入った。ショーンがどこまで本当かわからないような話を続けている間に、女の子の一人がこちらのテーブルの方に身を乗り出し、マークに話しかけたのだ。

エドゥアルドは信じられない思いで見つめた。その子は、ビスチェからゆたかな胸がはみ出しそうなほど大きく身体を傾けていた。褐色の肌にはラメが光り、むきだしの肩がストロボライトの下できらめいている。実にセクシーだ。そして、ことあろうにマークに話しかけている。

会話の中身が何なのか、エドゥアルドには想像もつかなかった。どう始まったのかすらわからない。だがその子はとても楽しんでいるようだ。だがマークは、迫り来るトラックのヘッドライトに照らされて怯える動物のようだった。しかし、見事なヘッドライトだ(ヘッドライトは女性の胸の暗喩でもある」。マークは辛うじて返事をするばかりで、ほとんど喋れていなかった。だが彼女はお構いなしだ。笑顔を浮かべ、それから手を伸ばしてマークの脚に触れた。

エドゥアルドは息をのんだ。ショーンは隣で話を続けている。この起業家が今喋っているのは、セコイアキャピタルのマイク・モーリッツとのバトルだ。以前にも聞いたことがある。あの常識外れのウェールズ人が自分をプラソから追い出そうとした話、私立探偵を雇い、ショーンが辞職を口にするまで追い詰められた顛末を語っている。真実かどうか誰にもわからないが、今でもしこりが残っているのは確かだ。ショーンはいつかどうにかしてヤツらにお返ししてやると心に誓っていた。

それから彼の話題はザ・フェイスブックに移った。ザ・フェイスブックは実に素晴らしい、必ずや、世界一のサイトになるに違いない、そう信じていると言うのだ。本当に心酔しているらしい。ただ、彼がこのサイトについて気に入らないのは、サイト名に入っている「ザ」だけだった。彼は不必要なものが大嫌いだったのだ。

話はまだまだ続いた。エドゥアルドはただ座って聞きながら、マークと女の子の様子を眺め続けていた。

次の瞬間、マークは突然立ちあがった。ヴィクトリアズ・シークレットのモデルが彼の手を取っていた。そしてマークをＶＩＰエリアから連れ出し、ルーサイトの階段を下りていった。マークは消えた。

エドゥアルドは頭がくらくらした。今、見たのは幻じゃないのか。マークは本当に今、クラブを出たんだろうか。あいつはもう、あのハーバードのアジア系の子とはつきあってないんだろうか。なんてことだ。あのマーク・ザッカーバーグがヴィクトリアズ・シークレットのモデルを連れて帰ってしまった。間違いない。確かにこの目で見たのだ。

すっかりわけがわからなくなってしまったが、一つだけ、はっきりしたことがある。ショーン・パーカーは正しい。ザ・フェイスブックは世界一のサイトになる。そのとおりだ。

四日後、エドゥアルドはふたたび同じ飛行機、アメリカン航空のボーイング七五七型機に乗り込んでいた。窓側の座席に戻り、頭を右側の丸窓に押しつける。雨は降っていないが、やはり陰鬱な雰囲気だ。ただし、今、荒れ模様なのはエドゥアルドの心の中だった。頭の中で、スイッチを「高速」に入れたミキサーのように、思考がぐるぐる回っていく。

全身が痛かった。身体も頭も同じように痛かったが、自分以外に責める相手もいない。この数日間、ひたすら仕事し、戦略を作り、そして酒を飲んでいた。本当にたくさん酒を飲んだ。皮切りとなった例のパーティーは、クラブが閉まってからも朝四時まで延々と続いた。エドゥアルドは翌日になってようやくマークと顔を合わせたが、マークは連れて帰ったヴィクトリアズ・シークレットのモデルについては完全にとぼけていた。だがエドゥアルドは、何もないわけがないと確信していた。問い詰めれば問い詰めるほど、マークはかたくなに口を閉ざした。こうした場合、何かあったという確かなサインなのだ。ただただ驚くばかりだった。まるで世界がひっくり返って、深い穴に落ちてしまったような感じだった。

驚いたのはそれだけではない。ショーンはエドゥアルドの滞在に合わせ、ベンチャーキャピタルやソフトウェアメーカーの広報担当者をはじめと、財力がありザ・フェイスブックに関心がある面々とのディナーやら打ち合わせやらカクテルパーティーやらを数多くセッティングしていた。関心を持っている人は実はたくさんいた。むしろ、街中の企業という企業からしつこく招待を受け続けていたのだ。状況は明らかに変化していた。どれも本気のオファーだった。何百万ドルという数字が耳元でささやかれるようになっていた。

接待のレベルも度を超えていた。サンフランシスコで最も雰囲気のいい、最も高価なレストランに何度も連れて行かれた。先方がリムジンを用意してくれたり、ぴかぴかのSUVで迎えに来たりした。ある朝、マークがクレイグスリストで買った車のエンジンがかからなくなり、朝食ミーティングに遅刻したときには、打ち合わせ相手のベンチャー・キャピタルがSUVを買ってやろうと申し出たほどだ。エドゥアルドが見る限り相手は本気だった。次回マークに会うときには、きっと新車に乗っているだろうと思った。

だが、一番奇妙だった打ち合わせは、エドゥアルドがニューヨークへ帰る前夜の会合だった。彼はマークと共に、サン・マイクロシステムズ創業者の一人が所有するヨットに招かれた。実は、この男は風変わりな食べ物を好む人物で、外国のゲテモノを喜んで食すことで有名だった。二時間ほどビジネスの話をしたあとで、乗り込んでいたスタッフの一人が、きらきら光る銀のトレイを運んできた。その上には、見るからに筋の多そうな肉がのっている。エドゥアルドには尋ねる勇気がなかったが、相手は自分からすぐにタネを明かした。

その肉はコアラだった。単に風変わりというだけではなく、彼の知る限り、違法のはずだ。とはいえ、出された皿を拒むのは失礼というものだ。

飛行機に乗り、エンジンがかかるのを座席で待ちながら、エドゥアルドはまだ何もかもが信じられずにいた。ヨットの上でコアラを食べた。カリフォルニア北部で最高におしゃれな店で酒を飲んだ。そして、自分とマークを金持ちに、しかも相当の金持ちにさせてくれる数字を耳にした。だが、その数字がいくらであっても、自分たちはザ・フェイスブックを売るつもりはないとわかっていた。まだ早すぎる。ザ・フェイスブックは、将来もっともっと価値が出る。まもなくメンバー数が五〇万人に届こうとして、日々増え続けているのだ。

だが、まったく儲けがあがらないとしたら、どうしたらいいだろうか。もし、実際問題として深刻な赤字に陥ってしまい、自分が銀行口座に投じた一万八千ドルではやっていけなくなってしまったら、どうしたらいいだろうか。彼は売却したくはなかったし、マークも売りたくはないと思っていた。ショーン・パーカーは……まあ、ショーン・パーカーが何を望もうと、それはどうでもいい。彼は経営メンバーではない。単なるアドバイザーだ。会社には関係のない人間だ。気にかけることはない。

エドゥアルドの表情が歪んだ。頭の中で別の嵐が起きたのだ。ポケットに振動を感じたせいだ。携帯の振動。また、電源を切り忘れていた。

取り出してみると、やはりケリーからの着信だった。カリフォルニアにいる間は、彼女に電話するのをずっと避けていたのだ。

携帯をポケットに戻そうと思ったが、まだ離陸まで数分あるとわかっていた。今こそ言うべきことを言うタイミングではないだろうか。

着信ボタンを押して、携帯電話を耳に当てた。

電話の向こうで、彼女は泣いていた。背後で大きなサイレンが聞こえた。エドゥアルドは目を見開き、座席で身体を起こした。

「何が起きてるんだ？」

彼女はしゃくりあげる合間に早口で喋った。エドゥアルドがカリフォルニアに行って電話をしなかった間に、ケリーは寮のクローゼットに置いておいたプレゼントを見つけた。そして、腹立ちまぎれにそれに火を付けた。彼女の引き出しに残っていたエドゥアルドの服もほとんど一緒に燃やした。部屋全体が燃えそうになり、消防隊が呼ばれ、消火剤が一面に噴霧された。ケリーは逮捕されるかもしれないという。

エドゥアルドは目をつむり頭を抱えた。まったく。頭のおかしいガールフレンドを持つと、こんなことは日常茶飯事になってしまう。

彼女が次に何をしでかすか、誰にも予想はつかないのだ。

第二三章　踏み潰されるライバルたち

たった二秒。

勝者と敗者。盾やトロフィー、壁に名を刻まれる者と、リボンと少しの思い出だけを胸に去る者。前者と後者を分けるのは……

たった二秒だ。

タイラーは全身から力が抜け、疲れ切って前かがみになると、今や何の役にも立たないオールを握る手を緩めた。タイラーの手のひらはオールのせいでできたタコで硬くなっていた。彼の乗った八人乗りのボートはまだ水面を滑るように進んでいる。レースをしているときのスピードと変わらない速さで今も前進している。

だが、レースは終わってしまった。たとえタイラー自身はその瞬間を見なかったとしても。たった二秒差でオランダ・チームのボートが勝ったのだ。川の両岸から聞こえる歓声で勝負の結果がわかったのだろう。友人やチームメイトに向かって叫んでいるのはオランダ人だった。ボートを漕ぐタイラーとキャメロンを応援しようと地球を半周して来た、ごくわずかなアメリカ人たちは沈黙していた。

ヘンリー・ロイヤル・レガッタに参加するだけでも名誉なことだし、これからの人生で誇れる経験になると心の中ではわかっていた。ヘンリー・ロイヤル・レガッタは一八三九年以来、第二次大戦期間を除いて毎年開催されている。そのコースは、天然の直線コースとしてはイギリス最長である。一五二六年に遡る歴史を誇る、中世の古風な趣のある街、ヘンリー・オン・テムズ。この街を流れるテムズ川の一マイル五五〇ヤードに挑むのだ。

この街自体がおとぎ話の世界のような雰囲気だ。建築された当時の姿のままの建物も存在し、五日間の会期中のほとんどを、タイラーとキャメロンはホストファミリーと一緒に細い道を歩き回ったり、パブ、教会、商店などに行ったりした。いや、正確に言えば、行き先は大抵パブだった。

だがこの間にふたりが体験した英国文化を別にすると、ふたりがヘンリー・オン・テムズにやって来た理由はひとつだった。世界最強のクルーと競うグランド・チャレンジ・カップに出場するためだ。そしてふたりが最大限の力を発揮したにもかかわらず、満足のいかない結果に終わった。最悪なことに、あと二秒及ばなかったのだ。

ふたりがボートから降りて、表彰式に出るためにドックに上がった頃には、上流階級の観客の多くがスチュワーズ・エンクロージャーから出て行ってしまっていた。スチュワーズ・エンクロ

ージャーは、会員か会員のゲストしか入ることを許されない、広大な超一流の観覧区域だ。そして上流階級の観客たちは、アルベール公子〔二〇〇五年に即位した、現モナコ大公アルベール二世〕から賞が授与されるのを待って、時間をつぶしていた。

じかに見た王子はかなり小さく思えたが、この王族と握手したとき、自分の名前を知っていたことに、タイラーはいたく感激した。アルベール公子がこの場所にいるというだけでも運がいい。いつもなら、アルベール公子より身分の低い王族が賞を授与する役を担うのだが、公子は自らの祖父に敬意を表してモナコからこの地を訪れていた。公子の祖父は若い頃、有数のボート選手だった。皮肉なことに、ジャック・ケリー〔アルベール公子の母で女優グレース・ケリーの父〕はレンガ職人という経歴のせいで、ヘンリー・ロイヤル・レガッタへの出場を禁止されてしまったのだが、こうして今アルベール公子がこのイベントの主賓となることで、その埋め合わせをしていた。

だが、タイラーとキャメロンがこの公子から授かったのは、握手だけだった。トロフィーはオランダ・チームの元に行き、オランダ・チームは優雅に栄誉を授けられている。別のクルーがトロフィーを頭上に掲げる姿を見るのは、少しつらかったが、タイラーはスポーツマンらしくさっぱりした性格なので、他の観衆と一緒に拍手を送った。

その後、タイラーとキャメロンはスチュワーツ・エンクロージャーの中へ歩いていった。会員であるホストファミリーからふたりはバッジをもらっていたのだ。数分間、イギリスのボートファンに目を奪われていた。ボートファンは、時に奇抜とも思えるファッションを身にまとっていた。色鮮やかなジャケットとネクタイ、裾の長いゆったりしたドレス、夏用の帽子。一そろいすべてに目が釘付けになった。七月の第一週だったので、陽が降り注いでいたが、暑さに気づいている人はいないようだった。おそらくスチュワーツ・エンクロージャーには、屋根付きの昼食所と紅茶を出してくれるテントがあるだけでなく、バーも四ヶ所設けられていたからだろう。

「惜しかったな。君たちよくやった。ほんのわずかの差だったよ」

スチュワーツ・エンクロージャーの後ろの方にホスト・ファザーを見つけて、タイラーは無理に笑顔を作った。ホスト・ファザーは友達の輪から離れて、足を引きずりながらふたりの方に歩いてきた。この男は五十代半ばで、ずんぐりした体つきをしていた。真っ赤な頬のせいで獅子鼻とくぼんだ青い目が余計に目立つ。感じの良いこの男は、ロンドンで法廷弁護士の仕事をして生計を立てているが、二十五年ほど前は、彼自身もオックスフォードのボート選手だった。その時以来、彼はヘンリー・ロイヤル・レガッタを欠かしたことがなく、ほぼ十年間に渡り、大西洋を越えてやって来るクルーのメンバーのホストファミリーになっていた。

「ありがとう」明るい感じに聞こえるようにタイラーは答えた。「厳しいレースでした。でも相手は勝利にふさわしいチームでしたね。僕らより練習を積んだんでしょう」

そう言いながら、タイラーは悔しさを噛み殺した。ボート競技があんなに僅差になることは、普通はないことだ。オランダ・チームが二秒差で抜け出すことも。使い古された言葉のように聞こえるだろうが、これは勝利への執念の差としか言いようがない。

「そうだ、娘が何枚か良い写真を撮ったんだ」法廷弁護士が言った。「残念ながら娘はもう家に帰ってしまったんだけどね」

「多分お嬢さんは写真を僕たちにメールで送ってくれると思います」キャメロンが調子を合わせて話に入ってきた。見知らぬ人が、タイラーとキャメロンそれぞれに、ぬるくなったビールの入ったスモークガラスのマグを手渡した。慣れるのがつらい伝統だ。だがタイラーとキャメロンはヘンリー・オン・テムズの街に着いた時からこの伝統になじむよう努力してきた。

「ところで、君たちはザ・フェイスブックを使っているのかい?」

タイラーはビールのマグを唇に押し当てたまま、凍り付いてしまった。聞き間違いかもしれないと思った。そうだ、この数ヶ月間、大勢の人があのろくでもないウェブサイトの噂をしているのを耳にしていたのだ。中世風のイギリスの街を流れるテムズ川の岸辺で、あのサイトの話を聞くなんて考えもしなかった。

「なんですって?」タイラーは口ごもった。本当にただの聞き間違いであることを願った。

「知らないのかい? あのウェブサイトだよ。アメリカの大学生はみんな使ってる、って娘が言うんだよ。娘は帰国したばかりでね、一年間アメリカのアマーストに行ってたんだ。向こうではいつもそのウェブサイトを使っていたらしいんだ。いつでも好きなときに君たちもそのサイトで娘を見つけられると思うよ。写真は娘から君たちに送らせるから」

タイラーはキャメロンの方をちらっと見た。その目を見て、キャメロンも同じ気持ちだとわかった。ハーバードから何千マイルも離れ、海を渡ったこの地でも、みんなザ・フェイスブックの話をしている。まだ利用できるのはアメリカの大学生だけで、使える大学が限られていても。今は三〇校だろうか？　四〇校？　それとも五〇校？　誰も予測できなかった方法で、ザ・フェイスブックは爆発的にメンバーを増やしているのだ。

それと同時にコネクトUはあと少しのところで行き詰まっていた。コネクトUには機能がぎっしり詰まっていると同時に、数多くの学校が参入していたにも関わらず、ザ・フェイスブックが持つウィルス並の感染力にはどうしても太刀打ちできなかった。最初に成功した者が優位に立って他を貶めるせいなのか、ただ単にみんなザ・フェイスブックを好きなだけなのか。いずれにしても、コネクトUはソーシャル・ネットワーキングの弱小勢力に過ぎなかった。

ザ・フェイスブックは相対的に見ても、モンスターだった。自分の通り道にあるものすべてを破壊する、ゴジラだった。

タイラーは無理に唇を曲げて笑みを作りながら、この法廷弁護士と少し雑談した。ザ・フェイスブックの話題は脇へ追いやった。だが、その間中ずっと、四週間に渡ってタイラーがかき立てていた闘争心をかき乱していた。

タイラー、キャメロン、ディヴャの三人は怒りと不満を晴らすため、悪条件のもとでも最大限努力しようとした。

その結果は……何の成果も得られなかった。自分たちのサイトを立ち上げ、あらゆる方法でザ・フェイスブックから利用者を奪おうとした。だが、まったくかなわない。大学生は自分の友達がすでに登録しているソーシャル・ネットワーキング・システム（ＳＮＳ）に参加していき、聞いたこともないような新参者のＳＮＳには参加しなかった。ザ・フェイスブックはあらゆる競合相手を踏み潰していた。

もう、三人はヘトヘトだった。ハーバード大学はこの事態から手を引いてしまった。三人からのメールや使用停止を求める警告状をマークは無視した。

残された選択肢は、ひとつしかない。訴訟だ。ラリー・サマーズもはっきりそう言った。だがこれまでのところ、その選択肢には、三人とも抵抗があった。

タイラーとキャメロンは父親の仕事を通じて、訴訟について少し知識があった。ウォール街には弁護士があふれている。企業間に裁判を必要とするような争いごとがたくさんあるから自然とウォール街に集まるのだ。

タイラーとキャメロンは訴訟が見苦しいものだと知っていた。最終的にどんなに良い結果で終わっても、だ。訴訟は最後の手段だ。だが、実は今の状況こそ醜いんじゃないのか？　最後の手段？　コンピュータにしがみついている奴に二秒差で負けたようなもんだ。後ろめたい様子なんかこれっぽっちも見せない奴に。もう選択の余地はない。

醜いのは法的な手続きだけではないことも、タイラーは知っていた。報道によって事態がどう展開するか、想像できたのだ。タイラーはいつも自意識過剰なところがあった。だから、マーク・ザッカーバーグと自分たち兄弟が並んでいる姿を頭に描くと、人がどう思うか見当がついたのだ。悔しいことに、コネクトUを立ち上げた三人は、既に何度も『ハーバード・クリムゾン』の論説記事で批判されていた。実際、ある記者には「ネアンデルタール人」呼ばわりされた。後でわかったことなのだが、その記事を書いた記者は、タイラーのポーセリアンの友人と付き合っていた女の子だった。この女の子は付き合っている間中、ファイナルクラブは気味が悪い、嫌いだ、と交際相手にしつこく文句を言い続けたという。マーク・ザッカーバーグに対して訴訟を起こしたらどんなことになるか、この女の子を見れば、大体の予測はついた。

もしこれが八〇年代の映画なら、タイラーとキャメロンは確実に悪役だ。裕福で上品な家柄だけど、頭の弱いスポーツ選手というわけだ。マークは意気地なしのギークだが、自分のやり方でスターの座を手に入れる役だ。あるいは秩序を重んじる金持ちの特権階級の息子たちが自分たちの特権を守ろうと、規則を破ることも恐れないハッカーの前に立ちはだかっている構図。「特権階級の行動規範」対「ハッカーの行動規範」だ。

タイラーとキャメロンが世間からどんな風に見えるのか、タイラーにはわかっていた。だが、それで正義を通すチャンスが少しでも得られるのなら、喜んで悪役になろう。やってやろうじゃないか。

マーク・ザッカーバーグはふたりに他の選択肢を与えなかった。

第二四章　疎外されるエドゥアルド

固く閉じたままの目。

激しい胸の鼓動。

背中を伝い落ちる汗。

二〇〇四年七月二四日のこと。エドゥアルドは怒っていた。ニューヨークのどこにいたのか、本人の記憶はない。だがどこにいようと、エドゥアルドが腹を立てていたのは間違いない。そして彼の人生を変えてしまうような行為をしようとしていた。

すべてが始まったのは、三日ほど前のことだった。そのときエドゥアルドはむしろ気分が高揚していた。カリフォルニアから戻ったときからそんな調子だった。ケリーとは、彼女が錯乱状態になって芝居がかった真似をする前に、さっさと関係を清算した。ニューヨークでは万事順調だった。マーケティング・サービス会社のY２Mや彼がウェブサイトのために集めた、他の広告主との話もはかどっていて、気分が良かった。エドゥアルドはもろもろ報告しようと、カリフォルニアのラ・ジェニファー・ウェイにいるマークに電話をかけた。

そして、まさにそのとき、事態は暗転した。

エドゥアルドがニューヨークで頑張ったことに対して、その時、マークは感謝の気持ちを表さなかった。それどころか、マークは自分の話をほとんど聞いてくれなかった。エドゥアルドがニューヨークで何をしてきたか説明しても、ショーン・パーカーがこの前の晩に連れて行ってくれたパーティーの話を始めても、耳を貸そうとしなかった。スタンフォード大学の女子学生クラブの話や、イェーガーマイスター〔ドイツのリキュール〕のキャンペーンガールみたいな女の子が大勢いた、という話もしたのだが。

そのかわり、このところマークが繰り返す話に移った。

「エドゥアルドはカリフォルニアに拠点を移すべきだ、あらゆることはカリフォルニアで起きているんだから」

プログラミングはカリフォルニアで進めているし、お金を出してくれそうな投資家もいる。ベンチャーキャピタルやソフトウェア界の大物にも会える。マークは彼にそれとなく告げていた。ザ・フェイスブックに必要なものは全てシリコンバレーにこそあるというときに、エドゥアルドはニューヨークで時間を浪費しているのだ、と。

ニューヨークだって、これから大きくなる新規事業に必要なもの――広告主や銀行――がたくさんある重要な拠点だ、とエドゥアルドは指摘しようとした。だが、マークはエドゥアルドの話などどうでもいいようだった。挙句の果てには、いきなりショーン・パーカーが電話に出て、

「お金を出してくれそうな投資家がふたりいるから、マークに紹介しようと思う」

と、唐突に話し始めたのだ。ショーンが言うには、実際、このふたりの投資家はすぐにでも現金を融通できるらしい。だからマークと投資家の双方がお互いを気に入れば、話が早いと言うのだ。

電話で話を聞きながら、エドゥアルドはもう少しで取り乱すところだった。あわててパーカーに対して説明を始めた。ザ・フェイスブックの経営面はエドゥアルドが取り仕切っているのだから、投資家と会うなら必ず自分もその場にいる必要がある。だが一体なんだってパーカーが投資家と会うお膳立てなんかしてるんだ？　エドゥアルドの考えでは、お金を出しそうな投資家を見つけるのはマークの仕事ではない。マークはこの会社のコンピュータ関連の仕事を担当することになっているのだ。それにショーンは全然関係ない。ただの居候、それだけだ。いまいましい居候だ。

最初に電話をかけたその後、エドゥアルドの感情は失望から怒りに変わり始めた。焦ったエドゥアルドは性急な行動に出た。おそらく怒りからそんな行動に出たのだろう。あるいはそのときにはそれが正しい行動のように思えたのだろう。エドゥアルドの気持ちをはっきりさせるためにも、そして自分を仲間はずれにするのは正しいことではない、とマークにわからせるためにも。

エドゥアルドは手紙を出していた。マークと自分の仕事上の関係を再確認する内容だ。特に、ザ・フェイスブックを立ち上げたときにふたりが結んだ契約をもう一度詳しく説明していた。会社の経営面の責任者はエドゥアルドで、マークはカリフォルニアでコンピュータコードに取り組むことになっているはずだ。更に、エドゥアルドはこう付け加えていた。自分は会社の株を三〇パーセント保有しているのだから、自分が同意しない金融取引を承認する行為など誰にも許さない権限がある。エドゥアルドは書面で確認を取りたかった。自分が良いと思えるように経営面を取り仕切れるという確証が欲しかった。

手紙を書きながら、それがマーク・ザッカーバーグのような男がきちんと対応するような手紙ではないことを、エドゥアルドはわかっていた。だが、エドゥアルドはできる限りはっきりさせたかったのだ。確かに、ショーン・パーカーは自分たちを何度か素敵なパーティーに連れて行ってくれたし、おそらくマークがヴィクトリアシークレットの下着モデルと寝る手助けもしてくれたんだろう。だが、エドゥアルドの考えでは、パーカーはザ・フェイスブックとは関係ない。エドゥアルドがCFOなのだ。ザ・フェイスブック立ち上げを可能にする金を出したのは自分だ。マークたちがカリフォルニアで仕事をする資金を出しているのも自分だ。ニューヨークにいたとしても、エドゥアルドに采配を振るう権利があるはずだ。

この手紙を受け取った後、マークはエドゥアルドの留守番電話に山ほどメッセージを残していた。エドゥアルドにニューヨークを出てカリフォルニアに移るよう懇願するもの、カリフォルニアがどんなにすごいかと言う話、会社のことは何もかも順調だと安心させるもの。だからどうでもいいようなことで言い争う理由なんかない、そう言いたいのだ。マークの世界観だとそうなる。さっきまでマークと交わした電話でのやりとりで、事態は更に悪化した。

マークは言った。

「ふたりの投資家とはもう会ったよ」

前にショーン・パーカーが話していた投資家だ。この二人はエンジェルインベスト〔創業間もない企業に資金を提供し、その見返りに株式や転換社債を受け取る投資〕に本気で関心があるという。つまり、ザ・フェイスブックにいくらか金を出し、これまでと同じ急成長を続けられるようにしてくれるというのだ。ザ・フェイスブックには資金が必要だった。深刻な借金を抱え始めていたからだ。多くの人が登録すればするほど、アクセスを処理するサーバーが必要になる。そして目の前で変わりつつある状況すべてを処理するために、人をもっとたくさん雇う必要があったのだ。

だがエドゥアルドにしてみれば、そんなことは完全に別問題だった。エドゥアルドの考えでは、マークは、エドゥアルドが手紙に込めた気持ちをわざと無視していた。そしてエドゥアルド抜きでビジネスミーティングを行った。マークはあえてエドゥアルドを怒らせるような真似をしただけではない。ショーン・パーカーと一緒になって、エドゥアルドの怒りの火に油を注いだのだ。

おそらくマークはエドゥアルドが本気で怒るとは思っていなかっただろう。あの手紙はただの憂さを晴らす手段だと思ったようだ。それは間違っていない。だが完全にエドゥアルドはマークの態度に切れていた。エドゥアルドが思うに、マークたちはエドゥアルドの金を使ってカリフォルニアで贅沢に暮らしてるんじゃないのか？　カリフォルニアの家？　コンピュータ機器？　サーバ？　エドゥアルドが知る限り、そういう金は全部エドゥアルドが銀行に開いた口座から出ている。エドゥアルドが私費を投じ、自ら開いた口座だ。支払いは何もかも自分なのに、マークは自分のことを無視している、エドゥアルドにはそう思えた。彼は、エドゥアルドがケリーに行ったような、ぞんざいな扱いをしている。

これはエドゥアルドの過剰反応だろう。だが、それから三日たった今でも、ニューヨークにいるエドゥアルドの怒りは鎮まるどころか募るばかりだ。

何か行動を起こさなくてはいけない。自分がどう感じているか、マークにはっきりとわからせるために、何か行動を起こす必要がある。

メッセージを送らねばならない。マークが無視できないようなメッセージを。

ガラス製の回転扉を押して、ミッドタウンにあるバンク・オブ・アメリカの支店に、エドゥアルドがやってきた。その顔には、固い決意が表れている。地下鉄に乗ったせいなのか、渋滞でなかなか動かないタクシーに二〇分乗っていたせいなのか、オックスフォード・シャツが汗にぬれ

ている。

この銀行の、幅が広い長方形のフロントの一辺を端から端まで占めている窓口を通り過ぎて、パーティションで区切られたブースへとまっすぐに向かった。頭がはげかかった中年の行員が、エドゥアルドに椅子を勧めて用件を尋ねる頃には、エドゥアルドは既に自分の懐から通帳を取り出していた。目の前の男の机の上に、この小さな通帳を叩きつけた。

「私の銀行口座を凍結したい。この口座に付随した小切手全部と融資枠も取り消してくれ」

銀行員が手続きを始めた時、体の中を勢いよくアドレナリンが流れるのを、きっとエドゥアルドは感じていただろう。一線を越えたことはわかっていたはずだ。だがこれでマークに本当のメッセージを伝えられる。どれだけエドゥアルドが本気か、マークにわからせることができる。自分がこんなことをしてしまうのは、マークに落ち度があるからだ。エドゥアルドの目から見ればそうなる。はじめにエドゥアルドがバンク・オブ・アメリカにザ・フェイスブックの口座を開いたとき、マークのカリフォルニアでの生活に資金提供する白紙の小切手と一緒に、口座の連署人になるための必要書類一式をマークに送った。だがマークは、書類への記入をしなかった。会社に自分の金を入れたこともなかった。エドゥアルドの資金で暮らすことに完全に満足していた。まるでエドゥアルドが自分専属の銀行家であるかのように。

パートナーなのに、マークはエドゥアルド抜きで決定を下し始めていた。だからエドゥアルドも「とにかくそんなことはダメだ」とパートナーにわからせる必要があった。良いパートナーとはどんなものなのか、マークにわからせないといけないのだ。ザ・フェイスブックのページ全てに「製作：マーク・ザッカーバーグ」と表示されていることなんて、エドゥアルドにはどうでもいいことだ。だが会社それ自体は、ともに努力した結果に生まれたのだ。エドゥアルドはビジネスマンで、今行った措置は完全にビジネスライクな措置なのだ。

エドゥアルドは、銀行員がコンピュータのキーボードをたたく様子を見つめていた。銀行員はザ・フェイスブックの銀行口座を凍結するのに必要な処理を行っている。ほんの一瞬、「やりすぎたかな」という考えが頭をかすめたかもしれない。そうだとしても、その考えは頭に浮かんだ別の考えでかき消されてしまう。ＢＭＷに乗ったマークとショーンがカリフォルニアを走り回っている姿が思い浮かぶのだ。投資家たちと会い、このふたりの暴走を抑制しようとするエドゥアルドの努力をあざ笑ってさえいるのだろう。

次に白紙の小切手を現金化しようとするとき、奴らはもう笑ってなんかいられない。それだけは間違いない。

第二五章　「ペイパル」創業者への売り込み

今回の地殻変動は、静かに始まった。

サンフランシスコの超高層ビルを、高速で駆け上がる最新式エレベーターの震動音。そして、エレベーター上部に設置されたスピーカーから流れてくる、聞くに堪えないアレンジをされて原曲の痕跡をとどめていないビートルズの曲。これが序曲代わりだ。

ショーン・パーカーは実感していた。これはおそらくデジタル社会の、次なる大地殻変動の始まりだ。そしてその画期的な出来事の開始時刻が、一秒一秒音を立てて近づいている。そのことを告げるのが録音されたミューザック〔有線またはラジオで事務所やレストランなどに提供されるバックグラウンドミュージック〕のビートルズもどきの曲だ。

マークの隣に立ちながら、彼はニヤニヤしたくなるのをこらえた。他に誰もいないエレベーターの中心で、彼は超高層ビルを上昇していくにつれて少しずつ大きくなっていく数字を、じっと見上げていた。今、彼らは五二階建て超高層ビルの九階と一〇階のあいだあたりにいて、とてつもない速度で上昇している。ショーンは気圧の変化で耳が詰まる感じた。その方が都合が良い。ほんの一瞬だが、ミューザックが聞こえなくなり、考えを整理できた。

さまざまなことが急速に起きた。早すぎてついていけないくらいだ。それこそショーン自身が予想した以上だ。エレベーターの中、隣に立っているこの風変わりな天才のところに引っ越してきたのは、たった二、三週間前のこと。それが今では、ある重要な会合へと向かうところまで到達したのだ。その会合で、マークとショーンは相手方との間に、極めて良好な協力関係を築くことができるだろうし、それは恐らくインターネットそのものの風景を一変させることになる。そしてスタンフォード大学の学生寮の一室で、ショーンが初めてザ・フェイスブックを見たときから目標としていた、莫大な額の報酬へと導いてくれるはずだ。

ショーンは隣に立っている二〇歳の青年をちらっと見た。マークがもし神経質になっていたとしても、外には表れていない。普段と比べて不快そうな、あるいは不安そうな様子は全くなかった。顔はまるで無関心の仮面をかぶったようで、目はエレベーターの扉のさらに上部に表示される数字、変わらず上昇している数字を追っていた。パロアルトの外側にある通りで、たまたま出会ってからというもの、ショーンはこの風変わりな若者の事をよく知るようになり、そして気に入りだしていた。

確かにマークは変わっていた。社交性が未熟だというだけでは、マークの他人と打ち解けないやり方はとても説明できない。彼が自身の周りに高い壁を築いていたのだ。しかしショーンは第一印象で持った「奴は天才だ!」という直感が外れていないと確信していた。マークは才能に溢れ、野心的で、辛口のユーモアセンスを持っていた。たいてい、彼はおとなしい。ショーンは彼をあらゆるパーティーに連れていったが、居心地よさそうにしていたことは一度もなかった。彼にとっては、コンピュータの前で寝る方がよほど幸せなのだ。時には二〇時間ぶっ続けでパソコンの前にいたこともあった。大学のガールフレンドとはまだ付き合っていて、週に一回ほど会っていた。コンピューターに飽きたときには、長距離ドライブに行くのがお気に入りだった。だが、そうでなければ、彼はプログラミングマシーンだった。生きて、呼吸し、彼が自分で作った会社を「食べて」いた。

駆け出しの起業家に対して、これ以上を望むことは今のショーンにはできなかった。隣に立っている青年は、やっと二〇歳になったばかりなのだ。まだいくらか幼稚なところがあるにせよ、驚くべき着眼点を持っていた。それにマークは、自らのウェブサイトを引き続き発展させていくためなら、どんな犠牲でも払う覚悟があることを、ショーンは確信していた。

彼らがこれから向かう会合がきっかけとなって、莫大な額の報酬がもたらされるはずだ。ナップスターとプラソを成功に導き、新たに再生したシリコンバレーで五年間の不況と好況の波を渡りつづけてもなお、ショーンが手に入れられなかった規模のものだ。

おかしな話だが、ショーンはむしろエドゥアルド・サヴェリンが拙速な行動をとったことに、むしろ感謝していた。エドゥアルドがこの二週間のあいだにとった行動がなかったら、マークは夏ごろまで腰を上げなかっただろう。しかしエドゥアルドのおかげで、マークはショーンの方へと大きく傾いた。それは棚からボタ餅の展開だった。

きっかけはエドゥアルドがよこした手紙だった。誘拐犯が身代金を要求する手紙のようだとショーンは思った。まるで新聞やカラー雑誌の切り抜き文字で書かれた手紙のようだった。脅し、甘言、過当な要求……彼は自分が認識している以上に深刻な問題を抱えていて、上手くそれに対処できていないようだ。パートナーたちがカリフォルニアで実際にウェブサイトを構築中だというのに、エドゥアルド自身はニューヨークにあるインターネット企業にいて、そこで経営を取り仕切る、などという彼のアイデアは非合理そのものだ。そして今度は、三〇パーセントの所有権をまるで武器か何かのように振りかざしてマークを脅かしてきた。エドゥアルドは狂気の極みにいるようだ。

それでも、マークは友人に対して理にかなったやり方で接しようとしてきた。ショーンもそばにいて、二人の仲をとりなそうと努めた。例の手紙を大げさに扱う必要はなかった。それは会社の現状にもっと関わらせてくれという、生き残りに必死な嘆願のようなもので、マークなら受け入れることができたかもしれない。

だが、マークとショーンが丸く収めようとする前に、エドゥアルドは動いた。一線を超えてしまったのだ。会社の銀行預金口座を凍結することで、彼はマークとダスティンの息の根を止めようとした。これだけで会社の中核を撃ち抜いたのだ。エドゥアルドがそれを理解していたかどうかはともかく、それはマークがこれまでに積み上げてきたすべてを、簡単に破壊してしまう行為だった。金がなければ会社は機能できない。一日でもサーバがダウンすれば、ザ・フェイスブックの評判に傷がつく。おそらくは取り返しがつかないほど。ユーザーは移り気なものだ。フレンドスターがいい例だ。もしだれかがそのウェブサイトの利用を止めることにしたら、あっという間に崩壊が始まる。たとえ少ない人数が離脱したとしても、ユーザー全体に影響を及ぼすだろう。というのも、すべてのユーザーは互いに関係を持っているからだ。大学の学生がオンラインを利用するのは、友達がオンラインを利用しているからだ。一枚のドミノが倒れれば、一ダースのドミノがそれに続く。

たぶんエドゥアルドは、自分のやっていることをまったく理解していなかったのだろう。腹立ちまぎれか欲求不満に駆られての行動か、それは神のみぞ知るところだ。だがこの子どもじみた策略は、かえってエドゥアルドが、前に進みつつある今の会社での重要な地位を失うことになる。ビジョーンからすれば、ただの子どもだ。ビジネスマンのすることではない。エドゥアルドは自身を、ビジネスマンとみなしているようだが。小さな子どもが、遊び場で友達に叫んでいるのと同じだ。

「言う通りにしないとおもちゃは貸してやらない！　もう帰っちゃうからな！」

そう、エドゥアルドはおもちゃを取り上げてしまった。そして今、マークは決断を下した。その結果、ザ・フェイスブックが変化することになる。エドゥアルドには想像もできないようなやり方で。

最初にマークは、ショーンのアドバイスにしたがって、会社をデラウェア州〔デラウェア州は他州に比べて法人の設立や解散が容易なため、登記上の本社をおく企業が非常に多い〕の合同会社（LLC）として再法人化した。エドゥアルドの気まぐれから守るため、そして将来行われる会社の再編のためだ。会社が前に進むには資金を調達する必要がある。このためには再編成が不可欠なことを、ショーンは分かっていた。同時に、マークは彼が集められる限りの資金を集めて、資金調達のメドがつくまでのあいだ、会社を維持するために注ぎ込んだ。授業料を払うために取っておいた、大学費用積立金を引き出して、マークは当分のあいだサーバを稼動させておける分の金を工面した。だが会社には、マークがこれ以上無視できない資金不足が急速に迫っていた。

さらに、サーバ管理や、雇用以外の問題が、新たに持ち上がっていた。ほんの二、三日前、ある法律事務所から一通の手紙が送られてきた。その法律事務所を雇ったのはコネクトUの創設者たち、ウィンクルボス兄弟である。その手紙は訴訟という儀式の第一段階で、ザ・フェイスブックに放たれた威嚇射撃のようなものだ。

法律事務所からの手紙を受け取る前からすでに、ショーンはマークと、時間をかけてコネクトUやそれに関連する状況について協議し、ショーンは独自にこの問題について調査していた。ウィンクルボス兄弟は厄介な相手だが、会社の未来にとって危険な存在ではない。せいぜい、ちょっとしたトラブルだ。ウィンクルボス兄弟の主張は、根拠がなく度の過ぎたものだ。マークが連中の出会い系サイトのためにちょっとした仕事をして、そのあとでザ・フェイスブックのアイデアを思いついた? だからなんだ? ソーシャルネットワークは何百もある。どこの大学のどの寮にもコンピュータ「ギーク」がいて、そいつらはみんなザ・フェイスブックと似たようなプログラムをいじっている。だからといってそれらがみな訴訟の対象になったりはしない。それにソーシャルネットワークなんて根本的にはみんなほとんど同じだ。「椅子のデザインなんて無数にあるけど、だからって椅子を作る人がみんな、誰か他人のアイデアを盗んだことにはならないだろ」というマークの反論は、ショーンの見解とほぼ一緒だ。もし借用があったとしても、せいぜいフレンドスターから、というくらいだ。ウィンクルボス兄弟がザ・フェイスブックを考案したわけではない。これは確かだ。マークは間違ったことは何もしていない。シリコンバレーの起業家たちが過去にそんな過ちを犯したことはほとんどないが、マークもやはりそうだった。

マークに非がなくとも、ウィンクルボス兄弟は徹底的に闘うというのか。例の手紙を見るに、彼らはそのつもりのようだ。ならばマークは自身を守るために、二〇万ドル以上を費やすことになるだろう。さらに多くの金を用意する必要がある。それも早急に。そしてショーンにもマークにも会社を売り飛ばすという選択肢がない以上、こういった問題すべてをささいなトラブルとして扱えるほど会社の評価額が高まるその日まで、なんとかやっていけるように支えてくれるエンジェルインベスターの投資が必要だった。そんな大金を欲しがっていたのはショーンだけだった。だがナップスターやプラソで起きたことを考えると、ザ・フェイスブックを何の後ろ盾もないままにしておくわけにはいかない。

だからショーンは自分にできる最良の選択をした。ある人物と連絡を取ったのだ。確信があった。次にしなくてはならないことは、ザ・フェイスブックを発展させるための鍵となるの人物に会うことだ。

エレベーターがゴールへと近づくにつれて、跳ね上がっていく数字を見つめていた。ショーンは自分が正しいことをしている、と改めて確信した。マークがしなくてはならないことは会合をきっちりこなすことだけ。それは実現寸前だ。

ショーンはもう一度、マークを横目でちらりと見た。今回もまた、何の感情も読み取れなかった。マークの沈黙は何も意味していないことを思い出す。時がくればこいつはやってくれるだろう。一五分で事は足りるはずだ。

「『タワーリングインフェルノ』ってここで撮影したんだよね。違う?」エレベーターの雰囲気を明るく楽しいものにしようとしてショーンは言った。ほんのわずか、切れ目のような笑みがマークの唇に浮かんだのが見えたようにショーンは感じた。

「それは頼もしいね」マークの答えはロボットのようだった。皮肉な気分になっているな、とショーンは思い、ずっと我慢していた笑みを浮かべることにした。

確かに会合にはおあつらえ向きの場所だった。映画ではなく、サンフランシスコで最高級の名所だと言う理由で選ばれた。かつてバンク・オブ・アメリカの本社があったカリフォルニアストリート555の、この巨大なビルは建築術上の驚異だ。花崗岩を磨き上げた巨大な高層建築物には、数キロ先から見ることができる数千もの出窓がある。二四〇メートルのこの高層建築物はまるで尖塔のように、サンフランシスコ金融地区の中枢から天に向かってそびえている。

二人がこれから会おうとしている男――彼もまた、この建築物と同じくらい印象的だった。彼が持つ名声と、これまでに成し遂げてきたことの両方で。

「ピーターは君を気に入るさ」ショーンは答えた。「部屋に入って一五分たったら出る、それで全部片付くよ」

ピーター・シエル――信じられないくらいの成功を収めた企業、ペイパル創立者の一人、数一〇億ドルのベンチャーファンド「クラリウムキャピタル（Clarium Capital）」の最高経営責任者、かつてのチェスマスター、そして今世紀最大の富豪の一人だ。彼は威圧的な態度だが口の達者な、そして真の天才だった。一方で、エンジェルインベスターでもあった。度胸があり、ザ・フェイスブックが秘めている可能性がどれほど重要か、どれほど革新的なものか理解する洞察力を持っていた。なぜならシエルは、ショーン・パーカーやマーク・ザッカーバーグがそうであるように、単なる起業家以上の人物だったからだ。自身を革命家とみなしていた。

シエルはスタンフォードの弁護士出身で、リバタリアン〔社会や経済に対する国家や政府の介入を最小限にすることを主張する主義の支持者〕として有名だった。ロースクール時代には『スタンフォード・レビュー』紙を創刊したシエルはまた、情報が自由に交換されることの価値を固く信じてもいた。自由な情報の交換こそ、ザ・フェイスブックがそのソーシャルネットワークのなかで謳《うた》っているものだ。秘密主義で信じられないほど競争心旺盛だが、シエルはいつでも、次の大きな野望を探していた。そしてソーシャルネットワークスペースに興味を持っていることをショーンは知っていた。

直接シエルと仕事をしたことはなかったが、シエルがフレンドスターにわずかながら投資したときにショーンも関わったことがあり、それ以来、次の機会があったときのために、記憶の中にかつてのペイパル最高経営責任者の名前を蓄えておいたのだ。

その機会がやってきた。一階一階、シールの待つガラスと金属のオフィスへと向かっている。そこにはシエルがいた。ペイパル時代からの同僚でリンクドイン（LinkedIn）共同創設者兼最高経営責任者のリード・ホフマンや、新進気鋭のエンジニアでシリコンバレーのスター、マット・コーラーと一緒にいた。彼らは最近インターネットの世界で旋風を巻き起こしている、一風変わった若者の売り込みを聞くために待っている。

もしシエルがここで聞いた話を気に入れば……いずれにしても、これがショーンにできる最善の手だ、進むしかない。ザ・フェイスブックという革命が真に、そして本格的に始まるのだ。

五〇万ドル

三時間後、その数字がショーンの頭の中に繰り返し浮かんでいた。彼は急速に下降していくエレベーターの中、マークの隣にほとんど黙ったまま立ち、昇ってきたときと同じ数字が、今度はどんどん小さくなっていくのを見つめていた。カリフォルニアストリート555にある巨大な建築物のロビーに向かって一目散に降下していた。

五〇万ドル

もちろん、決して巨大な額ではない。人生を変えてしまうような金でもなければ帝国を打ち立てられるような金でもない。一生遊んで暮らせる金でもない。マークが高校の頃、MP3プレーヤーのアドオン（ソフトウエアに追加される拡張機能）を開発したときに受け取りを拒否した金額にさえ及ばない。マークはここでも、金に対してまったく関心がなかったのだ。それは会社を立ち上げるために友人から借りた千ドルでも、さらに大きな会社が放り投げてよこした百万ドルでも同じことだ。ショーンに言える限り、マークはいまだに金に対してはまるで関心がないままだ。しかし、ハーバードの学生寮のあの部屋で始めた会社の将来を、この金で切り開くことができるという希望が生まれたのだ。

ピーター・シエルは、何から何まで、ショーンが前もってマークに伝えたその通りの人物だった。猛烈に恐ろしく、即断即決で、しかもゲームに乗り気だった。それどころか、一五分間のセールストークのはずが、ランチタイムと午後の時間を費やし、細部まで詰める会議になってしまった。ザ・フェイスブックが確実に生き残るための本格的な対策会議になったのだ。ある時には、当事者のショーンとマークですら会議から締め出して、街を歩き回りながらシエル、ホフマン、そしてコーラーの三人でこの議題について討論したほどだ。それでも午後の終わりには、シエルは大ニュースをもたらしてくれた。ザ・フェイスブックは前進できる。

そのかわり、会社の呼び名は変わることになる。単に「フェイスブック（Facebook）」となる。ショーンのアイデアだった。ウェブサイトの名前に the を付けることは以前から不満の種だった。会社の再編が避けられなくなった今、ついにマークの同意を取り付け、the を切り落とすことができた。再編は五〇〇万ドルのエンジェルインベストを受けるために必要なステップだった。自分たちの首はそれでつながるはずだ。

着手金——シエルはそう呼んだ。この先何ヶ月かやっていくには十分な金額だった。時が来て必要になればさらに追加する、との契約も加えて。引き換えに、シエルは新たに組織される会社の株式を七パーセント取得し、五人の取締役会の一人として就任することになった。彼らが会社を前に進ませる舵取り役だ。マークはまだ取締役会のポストの大半を握っていた。新たな取り分の決め直した後でも、会社の株式の一番大きい取り分を確保していた。ただこれからは、シエルがショーンやマークと共に牽引役となって、会社を前に進めることになる。これ以上のやり方はない。

エレベーターの中に立つと、今度はローリング・ストーンズの粗悪なアレンジのミューザックが聞こえてきた。圧倒的な時間だった。だがショーンには分かっていた。まだしなければならないことがある。この会社再編は、極めてエキサイティングな状況を作り出すだろう。

再法人化は必要不可欠だった。シエルもそれに同意した。フェイスブックは新しく生まれ変わらなければならない。学生寮から生まれた「創世記」の時代から、インターネット社会の「新約聖書」の時代へと。新たな立ち上げのためには、株式を発行し直さなくてはなくてはならない。シエルにも、そしてもちろんショーン、ダスティン、クリスにも。

残る問題はエドゥアルドだ。引き続き三〇パーセントを保有することをマークが決め、ショーンも同意した。狙いはエドゥアルドを、彼が望むスタンスで会社に関わらせることだ。だが新しい会社には新しいルールができる。新しいルールを整備しなければならない。状況が発展するにつれて生じた必要性に対応し、さらに株式を発行する能力を持たなければ、企業を経営することなどできない。将来的には、ある特定の個人が受け取る株式は、その人物が会社にもたらした業績に応じて決められなければならない。これはもはや学生寮の一室での企画などではなく、真の投資家による、真の会社なのだ。他の会社であれば、償還の義務が生じるだろう。フェイスブックが達成した成果を、真に反映した評価額を生み出せる会社など、他に存在しないからだ。

つまり、マークやダスティン、それにショーンが全力を尽くして会社を成功させれば、さらに株式を取得できるということだ。もしエドゥアルドがニューヨークで、広告主をさらに集めることができたら、当然彼だって株式を手に入れることになる。だが彼が仕事をしなければ、ほかの皆と同じく、株式は希薄化されるだろう。どのみち、将来もっと金が必要になれば、全員の株式が希薄化されるのだから。

エドゥアルドはとんでもないことをした。会社がもっとも脆弱な段階で脅迫行為に及んだのだ。このことでマークがエドゥアルドを憎んだようには見えない。マークには他人を憎むような性格上の適性もなければ、憎むほど他人に関心も寄せなかった。だがショーンには、エドゥアルドが自身の立ち位置を明らかにしたように思えた。マークとダスティン、そしてショーンにとっては、フェイスブックがすべてだ。彼らの命だった。

夏が終わってもハーバードには戻らないだろう、とマークは会合の席でシールに宣言した。カリフォルニアに留まってこの冒険を続けるつもりだった。来る日も来る日も、彼は冒険し続けた。フェイスブックがこのまま進歩し続ければ、ハーバードに戻る気持ちなどなくなるだろう。ビル・ゲイツかつてこう言った。「もしマイクロソフトが立ち行かなくなれば、いつでもハーバードに戻ることができる」

そう、もしフェイスブックが立ち行かなければ、マークはいつでも大学に戻ることができる。だが果たしてそんなことをするだろうか。ショーンはそう思わなかった。マークは終わらない夏の冒険を続けるだろう。ダスティンも同様、カリフォルニアに留まることはほぼ間違いない。だが、エドゥアルドはどうだ？　ショーンの知る限り、決して大学を辞めたりはしないだろう。フェイスブックのために、何かをあきらめることは決してしない。彼のとった行動がすべてだ。フェイスブック以外にも、興味が向いている。たとえばハーバードでは、エドゥアルドはフェニックスに在籍していたし、ニューヨークでは、初日で辞めたとはいえ、投資銀行の実務研修を受けていた。

エドゥアルドは大学に戻るだろう。だがマーク・ザッカーバーグは世界を相手にするために自分の居場所を見つけたのだ。

ショーンはエレベーターの階数を示す数字が小さくなっていくを見つめていた。彼の中の興奮がようやく鎮まり始めた。鼓動を落ち着かせようとした。静かに、まるでコンピュータのハードディスクで操作される電子情報のように。

いまだ行く手に障害があることは知っていた。やらなくてはならないことがまだまだあった。

何よりもまず、マークは法的な問題について詳細まで、エドゥアルドと合意を結ばなければならないだろう。法律的な視点から見て、事情をより明確にする必要がある。厳しく聞こえるかもしれないが、実務的な視点から、エドゥアルドはそれを思い知ることになる。これは個人的な問題ではなく、ビジネスなのだ。そしてエドゥアルドは自身を、何よりもまずビジネスマンとみなしているのだから。

ショーンとシエルは起業家として成功した経験があったので、マークに起業とはどんなものかをレクチャーすることができた。フェイスブックのような立ち上がったばかりの会社は、はっきりと異なった二つのスタート地点に立つことになる。第一のスタート地点は、学生寮の一室に数人の学生達が集い、コンピュータでその辺をハッキングして回る。第二のスタート地点はここ、サンフランシスコ、ダウンタウンの超高層ビルだ。

学生寮の一室の場合、刺激的で驚くような経験ができるだろう。ただし才能を発揮しようにも、その燃え上がる炎はどこにも広がらず、稲妻がとどろくのは空想の中だけだ。

超高層ビルの場合は、状況はずいぶんと異なる。資本（Capital）のCを持った本物の会社

（Campany）の始まりだ。真のビジネス、真の企業へ。とどろく稲妻は、こちらでは本当に天国まで、一直線に連れて行ってくれる。

この点を、エドゥアルドは理解しなければいけない。もう、学生寮の一室で二人の学生がやることではなくなったのだ。

では、エドゥアルドがそうしなかったら？　理解できなかったら？　理解しようとしなかったら？

もしエドゥアルドがそうしなかったら、いろいろな意味で彼は、他のメンバーほどフェイスブックのことを気にかけていないということだ。つまりウィンクルボス兄弟とたいして変わらない。天の高みへと向かうマークの足を引っ張ろうとしているだけだ。

どちらにしても、マークが会社のために正しい決断をしていることを理解しなければならない。ショーンとシエルはその点についてはっきりと指摘した。ニューヨーク界隈をうろつき回ったり、会社の経営面でのトップの座を要求したり、株式「三〇パーセント」の所有権をサーベルのように振り回した挙句に、他のメンバーの首を切り落とそうとしてみせたり、そんなことをする「ガキ」が身内にいるようでは、彼らに自分の金を預ける投資家はいない、ということだ。

銀行の預金口座を凍結。

メンバーに対する裏切り。

フェイスブックに対する裏切り。

エドゥアルドはこうした仕打ちをしてきたのだ。マークは今、こうした不安要素を気にかけている。そして彼はなにか巨大なものの頂点に立っていることを理解していた。マーク・ザッカーバーグのこの作品は世界を変えるだろう。ナップスターのように、いや、より大きく。フェイスブックは情報の自由化そのものであり、真のデジタル社会ネットワークだ。インターネットのなかに現実の世界を持ってくるものだ。

エドゥアルドはこの事実を理解しなくてはいけない。もし理解できなかったら？より大きな見地に立ってみればいい。彼は重要ではない。存在しないも同然だ。

エレベーターの中に立ってショーンが考えたのは、会社を次のレベルへと押し上げるための取引をした後で、シエルがマークに言った最後の言葉だ。フェイスブックの加入者数が三百万人になったら「シエルのフェラーリ３６０スパイダーでドライブに行っていい」とマークに言った。そしてフェイスブックを想像できる限り大きくするための、着手金五〇万ドルを受け取るのに必要な書類をマークが書き終えたすぐあとに、シエルはデスクに向かって前かがみになり、マークを目の前にして言った。

「しくじるなよ」

ショーンはエレベーターの階数を示す数字を見つめながらニヤリと笑った。

シエルは何も心配しなくていい。ショーンにはわかっていた。マーク・ザッカーバーグはフェイスブックをあらゆる破壊分子から守り抜き、この革命を推し進めるだろう。いかなる犠牲を払ってでも。

第二六章　フェイスブック株の行方

ざっと見渡しただけならば、カークランドハウス寮の荒れ放題の部屋のように思える。そしてマークがパソコンでこつこつと作業する姿が浮かび上がってくるかもしれない。

二〇〇四年十月。ここはカリフォルニア、ロスアルトスに新たに借りた「フェイスブック本社」の開放的なメインオフィスだ。それなのに、ここ置いてある家具はハーバードのあの部屋から持ってきたように見えた。すり減った木の椅子、傷だらけの机、寝具類、ソファ。イケアの家具と、中古品の安売り店サルベーション・アーミーの家具を組み合わせた、いかにも学生寮らしい場所だった。ベランダは蛍光弾をぶつけて染みだらけだし、段ボールも散らばり放題だった。不法滞在者が集団でやって来たようなありさまで、創業したてで仕事に忙殺されているようには見えない。もちろん、いたるところにコンピュータはある。机の上にも、床にも、カウンターのシリアルの箱とポテトチップスの袋のわきにも。それでもここには大学寮の雰囲気がある。それはまぎれもなくマークとその仲間の努力の賜物だった。確かに今、マークとダスティンは昼夜なく働いている。まさにこの瞬間も、画面に向かって作業に没頭している。スーツ姿の青年二人もいる。契約先の事務所から出向してきた弁護士で、その事務所には会社新設の契約書の他、もろもろの契約の処理を任せることになっていた。彼らはキッチンにつながる扉のそばでうろうろしている。

それでもマークたちは会社から寮の雰囲気をなくしたくなかった。なぜならこの会社のルーツは、大学の学生寮にあるからだ。

ある程度は演出された散らかり具合ではあったが、寝室が五つあるこの家は、以前よりはマークたちに合っているように見えた。パロアルト郊外にあったラ・ジェニファー・ウェイのオフィスは、マークひとりで決めた場所ではなかった。地主からさんざん書面や口頭で注意されたあげく、結局マークたちはその借家から文字どおり叩き出された。屋根にあがって大音量で音楽を流したり、庭の備品をプールに投げ込んだり、勝手にジップラインを設置して煙突を傷つけたりと、理由は山ほどあった。

しかし、もう気にすることはない。今やフェイスブックには、独自の豊富な資金源がある。ピーター・シエルからの資金援助があったからこそ、この家を借りられたし、新しいコンピュータを買えた。大容量のサーバも用意できたし、弁護士も雇えた。

エドゥアルドを笑顔で迎え、握手を求めてきたのはその弁護士たちだった。ここまで来るのに、エドゥアルドは飛行機とタクシーを乗り継いできた。ケンブリッジを発ったのは今日の朝のことだ。

旅の間はほとんど寝て過ごした。四年生の新学期になっておよそ八週間、エドゥアルドは疲れきっていた。仕事を続けるため授業は少し減らしたものの、今までどおり、ハーバードではやることがたくさんあった。専攻論文の準備、投資会社の集まり、そして、週末はフェニックスのパーティーで埋まっていた。ケリーと別れたあとだけになおさら出たかった。新しいパンチパーティー・シーズンには、キャンパスの社交界の特権階級となり、ようやく収穫物が上納されてくる側に回れるのだから。

そして当然、最優先でフェイスブックがあった。

メインオフィスの真ん中の丸テーブルに据えられた椅子に深くもたれ、マークを見た。デスクトップの前で一心不乱に作業をしている。青白い頬を画面の光が照らし、緑がかった眼にはコードの羅列が小さく映っている。エドゥアルドが入ってきても、マークはほとんど挨拶もしなかった。わずかにうなずいて、一言二言なにか言っただけだった。けれどそれは別におかしなことではなかったし、そこからなにかを邪推したいわけでもない。実際、ここ八週間で二人の間に波風はいっさい立っていなかった。エドゥアルドが学校に戻っていたからだ。

あの夏に起きた波乱の数週間も、今ではすっかり昔に思える。マークが預金残高を知って激怒したこと。乗り気でないエドゥアルドを無視して、すぐに投資家と何度も会合したこと。そして資金提供者のシエルを見つけてきたこと。エドゥアルドとマークは電話でとことん話し、議論を交わした。どんな友人同士にだって、そういう議論は起こりうる。自分と友人の両方がひとつのプロジェクトに一緒に関わっていくなかで、二人ともまったく想像しなかったくらい大きくなっていく状況に出くわしたら、誰だってそうなる。しかしやがて、二人の緊張状態は緩和された。

優先されるべきは会社だから、その順調な歩みを止めてはいけないということで意見が一致した。エドゥアルドは預金のことで大騒ぎしすぎたのかもしれない。マークはマークで、エドゥアルドそっちのけで、自分勝手にやりすぎた。けれどエドゥアルドは、そこはのみこんで、先へ進もうと思っていた。すべては会社の発展のため。商売と親友、両立する方法はあるはずだ。

そうした末に、マークはエドゥアルドに言った。

「会社の一線から引いてくれないか。そうすれば会社も落ち着くし、そっちだって卒業に集中できるだろう。フェイスブックはひとりで営業面を切り盛りするには大きくなりすぎて、エドゥアルドのやりたいようにやるのは単純にもう不可能なんだ」

会社は成長を続け、今やユーザは七五万近くなり、やがては百万に届こうかという勢いだった。マークとダスティンは一学期の間休学するつもりだった。また営業部門をきちんとまとめられる専門家を雇い、エドゥアルドがニューヨークでやっていた仕事の何割かを任せようとも考えていた。

ほかにも、サイトに早くも新機能を加えようとしていた。その中には画期的なものもある。「ウォール」はユーザ同士がリアルタイムで自由にコミュニケーションできる空間のことで、これまでのソーシャルネットワークにはほとんど見られなかった機能だ。「グループ」という、ユーザが自由に作ったり、参加したりできる空間も利用できるようになった。こちらは初めてサイトについてアイデアを出しあったときに、エドゥアルドがマークに話したものが元になっている。開発の速度はすさまじく、ウイルス並みの速度で広がるユーザーベースと、ほとんど正比例していた。

頭に血が上っていた七月と比べ、少し冷静になったエドゥアルドは「マークは自分のやり方を押し通すやつなのだ」という結論に達した。夏は終わり、自分は学校へ戻るのだから、いずれにせよ一歩引いたほうがいいのだろう。大事なのはフェイスブックが好調だということだ。シエルの資金がある今、エドゥアルドは自分のお金をこれ以上つぎこむリスクを冒すつもりはなかった。というよりシエルの資金は無尽蔵だから、この先なにが待ち受けていようと、会社が乗り越えられないリスクはないように思えた。

エドゥアルドとしても、学校がまた始まったことが嬉しかった。四年生になって一週目に朗報がもたらされた。フェニックスの友人から聞いたのだが、サマーズ学長が新入生の前で「わたしはフェイスブックで、あなたたち新入生の顔を確認しました」と言ったらしい。これはすごいことだ。ハーバードの学長が、自分たちの作ったウェブサイトを使って新入生のことを知ろうとした。わずか十ヶ月前、マイクとエドゥアルドは冴えない一生徒にすぎなかったのに、今では学長が生徒の確認に使うサイトの創設者だ。

そう考えたら、二人の間のいさかいなんて、たいした問題じゃないように思えた。だからマークが電話をかけてきて、「新会社を設立し、シエルを加えたメンバーで会社を再編成するのに必要な書類にサインしてほしい」と言った時もエドゥアルドは納得し、それが一番だと結論付けた。

テーブルのむこうからやって来た弁護士に書類の束を手渡されたエドゥアルドは、深呼吸し、マークをもう一度ちらりと見て、難解な法律用語に取り組み始めた。

ひとめ見ただけで、かなり難しい中身だとわかった。書類は全部で四種類、合わせると相当なページ数になる。まずは普通株購入に関する契約書だ。エドゥアルドは、今や無価値な旧ザ・フェイスブック株ではなく、新たに再編されるフェイスブックの株を「自分で購入してもよい」、という内容だ。次は株交換についての契約書で、エドゥアルドが所有しているザ・フェイスブック株をそのまま新会社の株と交換する、と書いてあった。最後は株主議決権に関する契約書で、完ぺきには理解できなかったが、新会社の運営に不可欠なものとは思えなかった。

ぱらぱらとページをめくるエドゥアルドに、弁護士たちは書類についてわかりやすく説明しようとした。再購入と交換が済めば、エドゥアルドは新会社の株を合計で百三十二万八千三百三十四株、保有することになる。弁護士と、コンピュータからしばし目をあげ、新会社の枠組みについて説明を加えるマークによれば、サインしたのち、エドゥアルドの保有株はその時点で全体の三四・四パーセントに達することとなる。今の三十パーセントから割合は増加するが、これはこの先予定されている新規雇用あるいは別の投資家との契約の後に起こる希薄化に備え、必要なことなのだそうだ。マークの割合は、今の時点ですでに五一パーセントにまで下がっていた。ダスティンの今の保有率は六・八一パーセント。ショーン・パーカーには六・四七パーセントを与えられていた。それだけの価値はあの男にはない、とエドゥアルドは心で思っていたが……。そしてシエルは、結果的に六パーセント弱を保持していた。

書類には権利の保持期間についても記されていた。それによれば株をすぐに売ることはできないとのことだった。つまり書類上は、まちがいなくエドゥアルドはまだ会社の所有者だった。おそらく、マークやダスティンやショーンと同じ立場ということだ。さらにマークと会社に対する請求権の放棄一般についても書いてあった。簡単に言えば、この書類にサインをすると「フェイスブック総体の中での私の地位は、この書類に書いてあるとおりです」と宣言することになる。つまりこれまでのものは単なる過去となる、と認めることになるわけだ。

寮の雰囲気ただようオフィスで、ダスティンとマークの指がキーボードを叩く音を聞きながら、エドゥアルドは文書を何度も何度も読み返した。

大事なことだとわかっていた。法的文書をそろえ、サインするのは、会社を大きく前進させる行為だ。しかし同時にエドゥアルドは、守られている、という気がしていた。この二人の弁護士は、フェイスブックの弁護士だから、当然エドゥアルドの弁護士でもある。さらに大きいのが、マークが、親友がその場にいたことだった。マークは、こうした書類は必要だし大事なものだと言う。ショーンは家のどこかにいるだろう。サインすれば、法的にあの男をチームの一員として認めることになるとはいえ、あいつは投資家と資金を調達してきたから仕方がない。ショーンはシリコンバレーで一番頭のいい人間だ。

重要なのは、会社の中にエドゥアルドがまだ一定の割合を占めていることだ。確かに希薄化はするだろう。だがそれはほかのメンバーも一緒だ。ザ・フェイスブックがもはや存在しないことなんて気にするな。自分はフェイスブックでもこれまでと同じ役割を果たせるに決まってる。

最近マークとめずらしく会話したときのことを思い返す。学校のこと、生活のこと。マークがカリフォルニアにいる間、自分はケンブリッジで何をしたらいいか、ということも尋ねた。コミュニケーション不足だった、とエドゥアルドは思う。マークが、あの手この手でこう言っているように思えてしかたない。会社のためにそんなに頑張って働いてくれなくてもいいから学校へ行ってくれよ、こっちで新しく営業の人間を雇うから、身を引いてくれていいよ、と。けれどエドゥアルドの側としては、フェイスブックのために働く時間はとれると、これまでも主張してきたつもりだ。

とにかく、エドゥアルドはこの書類はこう解釈していた。お前が会社の中で占める部分は、今のところ、ほとんど変わらない。だが、お金が増え、会社に関わる人が増えればすべてが変わっていくだろう——いや違う、この書類はただ会社再編に必要なだけだ。

きっとそうだ。

何にせよマークは、サイトが会員百万人を達成したらものすごく豪華なパーティーを開くつもりだとも言っていた。幹事はピーター・シエル、会場はサンフランシスコのレストラン。エドゥアルドはまた旅をしなければならないが、きっとそれだけの価値があるパーティーになるだろう。

パーティーのことを考えると、エドゥアルドは思わず笑みをこぼした。必要だから再編するだけさ。こんなのは法律上必要な、単なる事務処理さ。すべてはうまくいく。百万人の会員。途方もない数だ。

まさしくこのためにカリフォルニアまで戻ってきたのだ。そう思い、弁護士からペンを受けとって文書にサインをし始めた。とにかく、これでエドゥアルドはフェイスブックの三四パーセントを保有することになる。喜ぶべきことだ。

きっとそうだ。

第二七章　エドゥアルドの油断

目が焼ける。耳鳴りがする。おしゃれな人々でごった返す会場を、エドゥアルドはよろめきながら歩き回っていた。テクノとオルタナとロックをミックスした激しい音楽が頭を駆けめぐる。ドーム形の高い天井から、照明が色とりどりのまぶしい光線を投げかけてくる。パープル、イエロー、オレンジ。丸い光はねじれたり急に向きを変えたりして、まるで超新星がきらめく銀河に放りだされた気分だ。レストラン中が明かりに洗われ、サイケデリックとしかいいようがない光景を作りだしていた。

二〇〇四年一二月三日。「フリーソン」と呼ばれるこの場所は、サンフランシスコの中心街でも近ごろ特に熱いスポットらしい。内装は、何というか、時代を先取りしすぎているようでもあり、同時にひどくレトロな六〇年代風でもあった。スタートレックに出てくる宇宙船エンタープライズの司令室と、幻覚剤でトリップしたときに見える映像とを足して二で割ったという感じだ。分厚い人波から抜け出すころには、エドゥアルドの中ですべてがぐるぐる回って止まらなくなっていた。少しアルコールを摂りすぎたせいもあるだろう。けれど大きな理由は、ハーバードヤードの寒々とした氷の世界から、ついさっき飛行機でこっちへ着いたばかりのエドゥアルドにとって、目の前の世界があまりに大きなカルチャーショックだったからだ。

上手《かみて》のＤＪブースの数メートル手前で足を止め、集まった人々と、高級レストランの円形ホールをじっくり眺めた。フェイスブック百万人記念パーティーを祝う場としても、この会場はふさわしい。このばか騒ぎは、サイトの登録件数が百万を超えたことを祝うもので、エドゥアルドはマークに招待されてやって来た。偉業達成はその数日前だった。エドゥアルドとマークの二人がカークランドハウス寮の部屋で事業を立ちあげたときから数えても、一〇ヶ月も経っていない。フリーソンはモダンで、おしゃれで、排他性のある場所だった。フェイスブックによく似ている。そしてこのレストランも、ピーター・シエル所有のものだった。費用もオーナーのポケットマネーだった。

エドゥアルドは、パーティーに集まった北カリフォルニアの若者たちを見つめた。音楽に合わせ激しく体を揺すっている。ポロシャツにジーンズという出で立ちと、光沢のある黒のヨーロッパ・スタイルの流行服がだいたい半々だった。要するにこのパーティーは、いかにもシリコンバレー的で、大都会サンフランシスコ的で、同時にフェイスブック的だった。参加者の大半は大学生くらいの年齢に見えた。スタンフォードの学生か、そうでなくてもせいぜい卒業したての若者だろう。みんな、色とりどりのカクテルを手に、この時を満喫しているように見えた。かわいい女の子のグループがＤＪブースの反対端にいることに、エドゥアルドはすぐに気づいた。女の子のひとりがこっちに笑いかけたように見えた。けれどエドゥアルドは顔を赤らめ、すぐに目をそらしてしまった。そう、いろいろあって生活は大きく変わったのに、エドゥアルドはまだかなり奥手のままだった。

とはいえエドゥアルド自身もパーティーを存分に楽しんでいた。扉のほうに向かって歩きながら、途中でこう言ってまわった。

「知ってるかい、ぼくも、マークとダスティンと一緒にフェイスブックを立ちあげた共同創業者なんだぜ」

笑いかけてくれる子もいたが、おかしな奴を見るような目をする子もいた。これにはちょっと驚いた。ハーバードでは全員がエドゥアルドを、エドゥアルドが果たした役割を何らかの形で知っていたのに、ここでは誰もがマークしか見ていなかった――マークだけを。

まあ、それでいい。カリフォルニアではエドゥアルドが裏方としか見られないことなんか、全然気にならなかった。有名になりたくて始めたわけじゃない。自分があの寮の部屋にいたことや、フェイスブック株の三〇パーセント以上を所有していることや、百万人達成にマークの次に貢献した人間だということをみんなが知っているかどうかなんて、ささいなことだ。みんながフェイスブックに夢中だということ、サイトがインターネットの歴史の中でも屈指の巨大プロジェクトになりつつあること、それさえわかれば他はどうでもよかった。

そう思うと自然と頬がゆるんだ。エドゥアルドはダンスフロアのむこうの休憩スペースに目を向けた。今いる場所の反対側にあたる、その奥まったあたりで、マーク、ショーン、ピーターの三人が丸テーブルを囲んでいるのがかすかに見えた。膝をつき合わせ、話し合いに没頭しているように見える。今日がたまたまショーンの誕生日だと、エドゥアルドは気がついた。あの男は何歳になったんだっけ。二五歳だっけ？　行って、三人に聞こうかとも思ったがすぐ考えなおした。今は群衆の中に埋もれ、ただの参加者でいたほうが心地いい。今の自分は――一人きりだ。ハーバードヤードでは航宙艦エンタープライズの乗組員なのに。そのこともまた、エドゥアルドにとってカルチャーショックだった。

まばたきをし、全身を洗いつくす光の渦に身をまかせた。

ここは、このレストランは、あまりに多くのものが流れ込んでくる。まるで完全な異世界だ。ここではすべてが猛スピードで進んでいた。そのことは、レストランの前でタクシーを下り、ピーター・シエルのフェラーリ・スパイダーが停まっているのを見た瞬間にわかった。マークのニッサン・インフィニティはクレイグスリストで買った自分の車で打ち合わせに行こうとして遅刻した例の一件のあとにもらったものだが、それも通りのどこかに停めてあるのだろう。ひょっとしたら、ショーンのＢＭＷがそのとなりにあるかもしれない。

エドゥアルドはまだ寮の部屋で暮らしていた。そこから雪に覆われたハーバードヤードを抜け、ワイドナー図書館の冷たい影の下をさまよいつつ授業へ通っていた。

そう、僕の選択ミスだ。夏の初めから、状況がこんなにも一気に変わるとは思っていなかった。けれどそれはもうどうでもよかった。選択したのは自分なのだし、ミスは他でもない自分の責任だ。エドゥアルドだって、その気があればカリフォルニアに引っ越し、休学することはできたのだから。いずれにしても今はもう四年生、卒業まではわずか五ヶ月を残すだけだ。それが過ぎれば、仲間と同じようにフェイスブックに全力をかたむけ、マークと二人で始めたあの世界にすぐ戻ることができる。

さしあたって今夜は楽しむつもりだった。もっと飲むつもりだったし、DJブースの反対端にいた、あのかわいい子に話しかけてみるつもりだった。そして明日になれば、飛行機でケンブリッジに帰り、学校生活に戻るつもりだった。フェイスブックのほうは、マークが完全に取りしきっている。

エドゥアルドは信じて疑わなかった。きっとすべてがうまくいく。

ダンスフロアの奥、休憩スペースの丸テーブルを囲みながら、ショーンはモダン・デコ風の椅子にゆったりと身を預け、シエルとマークの会話を聞いていた。二人は考案中のフェイスブック向け新作アプリケーションについて話し合っていた。ネットワーク上で相手をより見つけやすくするにはどうしたらいいか、というような内容だった。つまり、すでに人気を集めている情報共有スペース「ウォール」の機能拡張の話だ。写真共有アプリケーション——ただし搭載は半年以上先になるが——の話にも及んでいるようだ。そのアプリケーションは誰の作ったどんな機能とも渡りあえるものになるだろう。新機軸の先に新機軸、その先にはまた新機軸。

ショーンはひとりほくそ笑んだ。すべて完璧な状態で計画に沿って進んでいた。思ったとおり、シエルとマイクは強力なコンビだった。

大きく息をし、仲間二人の頭ごしに、集まった人たちを見た。すぐさまエドゥアルド・サヴェリンの姿が目に入った。DJブースのそばで、アジア系の女の子に話しかけていた。痩せっぽちで冴えないのは相変わらずで、猫背のまま女の子に言い寄っている。相手の子は笑っているようにも見えた。いいことだ。エドゥアルドは楽しい。女の子も楽しい。みんな楽しい。

ここまではすべて順調だった。エドゥアルドは必要な法的文書にサインし、会社再編に関する契約は履行された。シエルは、より高みへと飛び続けるのに必要な資金を出した。フェイスブックは百万ユーザーを達成し、増加ペースは毎週数万に近い。

もうすぐ、自分たちはもっと多くの学校、もっと多くのキャンパスにサイトを開放する。やがてはハイスクールに対しても開放する可能性がある。その先は——どうなるか誰にも予測できない。

いつの日か、フェイスブックは世界中の人に利用されるようになるはずだ。大学ベースと排他性——ふたつの魔法はすでにしっかりと効いている。みんなフェイスブックを信用し、フェイスブックの虜《とりこ》になっている。
そうすれば、フェイスブックに何十億というカネが転がり込んでくる。

第二八章　株の売却

「おい、見ろよ。公式発表だぞ。ニューイングランドに春の訪れだ」

　友達のＡＪが、ものすごく綺麗な脚をした女の子を指さすのを見て、エドゥアルドはにやりと笑った。女の子は図書館の石段の下で行ったり来たりしながら、経済学の教科書に鼻をうずめていた。流れるブロンドの髪が、クリーム色のｉＰｏｄのイヤホン・コードと絡みあっていた。

「だな」エドゥアルドは答えた。「今期のミニスカート第一号だ。ここまでくればあとは一気だよ」

二〇〇五年四月三日。このハーバードの冬の長さには一生なじめそうにない、とエドゥアルドは思う。わずか一週間前、ハーバードヤードは一面雪をかぶり、今立っているこの石段も分厚い氷に覆われていた。空気は身を裂くほど冷たく、息をすることすら苦痛だった。ハーバードのカレンダーには三月のページはないように思えた。そのカレンダーはまず一月があって、次に一月があって、その次も、むかつくことに一月なのだ。

　けれどやっと、本当にやっと、雪は消えてなくなった。空気は生命の香りにあふれ、空は青く明るく、雲ひとつない快晴だ。女の子たちはもう衣替えを始めただろうか。野暮ったいセーターを奥にしまい、スカートや、かわいいトップスや、つま先の出る靴を取り出しただろうか。まあ、なにしろハーバードのことだから、トップスは多分そんなにかわいくはないだろう。とはいえ肌の露出は増える。素晴らしいことだ。

もちろん、一瞬で逆戻りする可能性もなくはない。明日、あの灰色の雲がUターンして戻ってきて、ハーバードがまたあの寒々しい月世界に変わってしまうことだってあり得る。だがそうだとしても、そのときエドゥアルドはもうニューイングランドにはいない。上層部から召喚命令を受け、明日またカリフォルニアに戻ることになっていた。

ＡＪは手を振り、石段を降りて、ゼミに出るためハーバードヤードの反対端に向かっていった。エドゥアルドもあと何分かしたら後を追うつもりだった。しかし急ぐ気はまったくなかった。四年生で、卒業までは二ヶ月を残すだけだから、授業に遅れたっていいし、さぼってもいい。それでもたいして影響はない。いくつか残った試験に通りさえすれば、あとは卒業までまっしぐら。最後にもらう金色の証書は、外の現実世界ではこの上なく大きな意味を持つことだろう。

現実の世界。それが何を指す言葉なのか、エドゥアルドにはわからなくなっていた。今もマークが閉じこもっている、あのカリフォルニアのオフィスということだけは絶対にないだろう。マークはまたしても緑の豊かな郊外の借家に引っ越し、万単位の猛烈な勢いでユーザーを増やしていた。実世界とは、そのパロアルトの新オフィス群のことでもない。マークによればオフィス建設は最後の仕上げの段階に入っていて、それが終わったら今度は社員の新規雇用に取りかかるとのことだった。そうした規模拡大については去年の秋、会社再編に関する書類にサインした時にすでに話し合っていた。

現実世界は、今やフェイスブックと乖離していた。それは単純に、現実がフェイスブックほど変化のスピードが早くなかったからだった。

百万人の会員はあっという間に二百万人になり、今では三百万人への道のりにある。ハーバード大学から始まった小さなウェブサイトは、今や五百ものキャンパスに広がっている。売店の新聞や、授業の前後にたまたま見たテレビのニュース、そのすべてがフェイスブックを取りあげていた。知り合いは全員ウェブサイトに登録していた。父親さえもがエドゥアルドのアカウントを使ってログインし、そこで見たものをすごく気に入ったようだった。フェイスブックは現実世界ではなかった――それよりはるかに大きな世界だった。まったく新しい別の宇宙だった。エドゥアルドは、「自分と」マークが成し遂げたことを誇りに思わずにはいられなかった。

しかしここ二ヶ月というもの、エドゥアルドはカリフォルニアの面々と緊密なやりとりを殆どしていなかった。変な電話が一本あったくらいだ。その時は、ニューヨークと連絡をとらないように、広告掲載先の調査はしないように、と妙なことを言われたのだった。だからエドゥアルドはこの二ヶ月、マークとかなり疎遠だった。まったく新しいウェブサイトを作ってみる時間があったくらいだ。「ジョブーズル（Joboozle）」と名付けたそのサイトは、いわば就職活動中の若者向けフェイスブックで、求人を出している企業を学生たちが探したり、履歴書や情報網を共有したりできるようになっている。これがフェイスブックに近いものになるとは到底思えなかったが、とにかくマークからの連絡を待っている間に、それを作れるくらいの時間が経っていた。

ようやくマークから連絡があったのは、ほんの数日前だ。マークは、カリフォルニアまで戻ってきてほしいとメールで伝えてきた。何か重要な会議があって、新入社員の研修の手伝いをすることになるのだろうと思った。

メールのなかでマークは別のことも言っていた。その内容を見て、エドゥアルドは少し不安になった。いわく、ベンチャーキャピタル大手のセコイアキャピタルや、パロアルトで一、二を争う有名ファンドであり、ここ十年にわたってその界隈で元気な動きを見せているアクセルパートナーズが、最近フェイスブックのまわりをうろついているらしい。しかもマークは、どちらかから投資を受けてもいいかもしれない、と思っているようだ。ワシントンポスト社のCEOドナルド・グラハムもフェイスブックに興味を持っている、とも書いてあった。

それだけではない。マークは、ショーンとシエルを含めた自分たち三人は、持ち株を少し売ろうかと考えている、と書いていた。成立すれば、それぞれ二〇〇万ドルの取引になるとのことだった。

驚くなんてものじゃなかった。まず、エドゥアルドがサインしたあの契約書には、株は売れないとまちがいなく書いてあったはずだ。株は長期間にわたって、手元に置かねばならないはずだった。

それならなぜマークやショーン、ダスティンは二〇〇万ドル分も株を売却できるのか。あの再編の時、自分たちは全員同じ契約書にサインしたのではなかったのか。

次に、なぜマークはいきなり株を売ると言いだしたのだろう。いつからマークはお金にこだわるようになったのか。それに、なぜショーン・パーカーが二〇〇万ドルものお金を手にすることになるのか。あの男が公式に会社の一員になったのは二ヶ月半前、一方エドゥアルドは最初からいるメンバーだ。

こんなの、不公平だ。

多分、単にエドゥアルドが状況を誤解しているだけだろう。カリフォルニアに行ったら、マークが直接はっきりさせてくれるはずだ。いずれにしても、あの時のように感情的になってはだめだ、とエドゥアルドは思った。あの夏も、怒ったところで状況はさして良くならなかった。今度こそ心穏やかに、冷静に、かつ寛容にいこう。春が来て、スカートも来た。もうすぐ大学も卒業だ。

明日、エドゥアルドは六時間の旅をし、建設中の新しいオフィスの数々を見て回り、会議に参加して、顔も見たことがないが新入社員の研修をすることになる。できればそれをきっかけに、マークとの関係が元通り普通になっていってくれれば——そうすれば卒業したあと、すぐさまマークの共同創業者というかつての役割に戻れる。そう考えると、だいぶ楽しくなってきた。なぜならフェイスブックは、エドゥアルドにとってある意味大学生活の延長といえる場所だったからだ。大企業に成長したフェイスブックで、エドゥアルドはいつまでも学生気分でいられるからだ。そこではずっと現実社会から離れていられる。ちょうどマークがそうしているように、おそらくこの先ずっと。

そう思うと気持ちが高まってきた。エドゥアルドは図書館の石段を降りてハーバードヤードへ向かった。明日、エドゥアルドはマークのところへ戻る。そのとき親友がすべてを説明してくれるはずだ。

第二九章　弁護士からの通達

二〇〇五年四月四日。エドゥアルドは生きている限り、その時のことを忘れないだろう。

ほとんど何も置かれていないオフィスの中で立ち尽くし、彼は身震いしていた。そして、ドアを開けて部屋に入ろうとした時に弁護士に渡された書類に視線を落とした。今回は違う弁護士、違うドアだった。それは木々の生い茂る郊外にある寮みたいなアパートのドアではなく、パロアルト市の下町にあるユニバーシティアベニューの、本格的なオフィスのドアだ。壁はガラス製で、メープルのデスクが置かれている。コンピュータのモニターは新しく、床にはカーペットが敷かれ、階段の壁は、地元の芸術家が描いた絵で覆われていた。本格的なオフィス、そして弁護士――その弁護士が、エドゥアルドとマークの間に立ちはだかっているのだ。このオフィスのどこかでコンピュータスクリーンの中の世界にのめり込んでいるマークとの間に。

エドゥアルドは、弁護士が挨拶するより早く、契約書にサインをしてくれ、と言ってきた時、はじめは冗談を言っているのだと思った。まだオフィスも見て回っていないのだ。てっきり、新規採用や、二〇〇万ドル分の株の売却の件、メールの件などについて話をするのだと思っていた。しかし、法律書類に目を通し始めると、エドゥアルドは、このカリフォルニアへの旅は会議のためのものではないということを知った。

これは奇襲だ。

読んでいる内容を呑みこむのに、エドゥアルドは数分かかった。しかし理解すると、顔は青ざめ、体に寒気が走った。完全に理解すると、胸を撃たれたかのようなショックを覚え、身も心も壊れ、もう心の一部は修復できないと思えるまでに粉々になっていた。感情を態度で表すことも、口で言い表すこともできなかった。言い表す言葉が見つからないのだ。この気持ちはとても言葉などでは表現できない。もっと前に、こうなることを察知すべきだった。単に空気を読めなかっただけだ。自分でも腹立たしくなくほど無警戒で、救いようのないバカだったのだ。

この奇襲がマークからだとは想像もしなかった。元々、友人であり、ユダヤ系のアンダークラウンドフラタニティで出会った頃は、お互いに単なるギークだった。自分と同じようにハーバードに必死に順応しようとしていたあのギークが、こんな仕打ちをしてくるとは思わなかった。お互いに性格の問題はあった。そして、マークにはとても冷酷かつ無愛想になれる所があった。しかし、これは度を過ぎていた。

エドゥアルドにとって、これはまさしく裏切りそのものだった。まさしく今、手にしていることの書類によって、マークは、アイボリーホワイトの紙に印刷された真っ黒な文字と同じくらいはっきりと自分を裏切り、滅茶苦茶にし、すべてを台無しにしたのだ。

まず、二〇〇五年一月一四日と記された書類があった。これは株式数の追加目的に、一九〇〇万ドルを上限とする普通株式の発行授権を、株主がフェイスブックに与える承諾書だった。次に、三月二八日と記された二番目の承諾書。株式数発行の上限は二〇八九万ドルになっていた。さらに三番目の承諾書では、マーク・ザッカーバーグに三三〇万ドル、ダスティン・モスコヴィッツに二〇〇万ドル、ショーン・パーカーに二〇〇万ドル以上の株式を追加発行するということになっていた。

エドゥアルドは、これらの数字をじっと見つめ、素早く頭の中で計算した。これらすべての新株によって、彼のフェイスブック株の所有権はもはや三四パーセントに遠くおよばなくなる。新株がマークとショーン、ダスティンにだけ発行されたとなると、彼の保有株式は一〇パーセントをはるかに下回ることになる。そして新株がすべて発行されれば、彼の保有株式はほぼゼロに近いほど希薄化してしまうことになる。

彼らは、エドゥアルドの株を希薄化して、会社から追い出す魂胆なのだ。

エドゥアルドが書類を見ているのをよそに、弁護士が話しはじめた。エドゥアルドは、マークが自分に何を求めているのかを考えた。もしくは、自分が要望に応えようとすることなど、マークは最初から期待していないのかもしれない。マークはたぶん、かなり昔の時点から、エドゥアルドは会社にいないものだと思い込んでいるのだ。その時点とは、二〇〇四年の秋にさかのぼる。マークが、まさしく今エドゥアルドの目の前で起きていることを可能にする書類にサインをした時か、それよりもさらにさかのぼり、エドゥアルドが夏に銀行口座を凍結した後のことだ。二人の波長は異なっていて、物の見方も異なっていた。

弁護士はくどくどと、今後、新たなベンチャーキャピタルに投資を求めるのに新株が必要だということ、エドゥアルドにサインをしてもらうのは形式上の手続きで、いずれにせよ株式発行の授権はすでに行われていること、会社にとってこれは利益になる重要なことであり、すでに既定路線なのだということを説明した。

「断る」

エドゥアルドの声が響いた。そして、その声は、ガラスの壁に当たって跳ね返り、絵の描かれた階段を上がり、ほとんど人気のないオフィス全体に広がっていった。

「断る！」

彼は、自分にフェイスブックの所有権を手放させ、自分の功績を否定する書類へのサインを拒否した。僕はあの寮の部屋にいたころからずっと関わってきたんだ。僕はフェイスブックの創始者であり、三〇パーセントを所有するのは当然なのだ。マークとの間にそういう合意があるのだ。

弁護士の反応は速かった。

エドゥアルドはもはやフェイスブックの一員でもなければ、経営チームの一員、従業員でもない。いかなる意味においても、もはや関係がないのだ。彼は会社の歴史から追い払われる。

マーク・ザッカーバーグとフェイスブックにとって、エドゥアルド・サヴェリンはもはや存在しない。

エドゥアルドは、周囲の壁が自分に迫ってくるのを感じた。

ここから抜け出さなければならない。

ハーバードに、キャンパスに、家に戻らなければ。

彼は自分が耳にしたことを、この裏切りを信じることができなかった。しかし、彼には選択肢はないと宣告された。創始者であり最高経営責任者であるマーク・ザッカーバーグによって。そして、フェイスブックの新社長によって。

恐ろしい知らせに打ちひしがれているエドゥアルドの頭に一つ疑問がよぎった。

フェイスブックの新社長は一体誰なんだ？

だが、彼は自分がその答えをすでに知っていることに気づいた。

第三〇章　ビリオンダラーベイビーの誕生

ショーン・パーカーはＢＭＷから降りると、真っ先に靴底で歩道の路面をならし、まるで喜びで興奮を抑えきれなくなった子どものように、喜びを体全体で表現していた。ただでさえ頭の回転が速いというのに、その時はさらに速くなっていた。たとえるなら、彼の人生における、極上のデザートタイムを迎えようとしていたからだ。

ショーンは、車のドアを叩きつけながら閉めると、道の片側に寄り、背をそらせて腕を組んだ。彼はセコイアキャピタル社のメインオフィスが入っている、ガラス張りの鉄筋ビルを見上げた。嫌いだったこの場所にまた来るとは驚きだ――彼はそう思った。これほど、気分が変わるとは、と少し皮肉な気持ちにもなる。かつて、融資や提携先を求め、わらにもすがる思いで彼はここを訪れたのだ。そして、協力をしてくれることにはなったものの、結局は、自分の会社から放り出される仕打ちを受けた。彼が独力で立ち上げ、心血を注いで築き上げていった事業は台無しにされたのだ。

今では状況は一変した。今回、すがりついてきたのはセコイア社の方だった。フェイスブックの事務所に何回も電話してきては、追い回してきた。会合の場を設けましょうと持ちかけ、マークを電話口に引っ張り出そうとし、売り込みをかけようとしてきた。今では電話が鳴り止むことはなかった。グレイロック（Greylock）、メリテック（Merritech）、ベッセマー（Bessemer）、ストロング（Strong）といったあらゆる有名ベンチャー企業が電話してきた。

ベンチャー企業だけではない。マイクロソフトやヤフーが関心を示しているという噂が耳に入るようになってきた。そしてフレンドスターはすでに正式なオファーを出してきている。その額、一〇〇〇万ドル。しかしショーンとマークは即座に拒否した。マイスペース社も関心を示していた。まったく、どいつもこいつもしつこい。そして、この業界の最大手であるセコイア社は、出遅れるわけにはいかないと、思ったに違いない。

だからショーンは、他から隔離された自分のオフィスで、イライラしながら待っているモーリッツが、きついウェールズ訛りで部下に当たり散らしている場面を想像しながら、しばらく時間稼ぎをした。今頃、モーリッツは、何の反応も示さないフェイスブックの裏で糸を引いているのがショーンだということをわかっているに違いない。そして、そんなモーリッツは、遅かれ早かれ、ショーンの方から折れてくると思っているだろう。そして、ちょうど連中がしびれを切らす頃に、ショーンがこの朝の会合を設定した。まさしく妥協したように思わせたのだ。

そして今、頭のおかしい猿のような笑みを浮かべながら、ショーンはここに立っていた。DKNYのスリムパンツからワニ皮のベルトまで黒にして、全身をBMWと同じ黒で統一している。正義のため、悪に立ちはだかるバットマンは、世界に再び制裁を下すために、サンフランシスコの下町にあるストリートに降り立ったのだ。

彼の後方から、運転手席のドアが閉まる音が聞こえてきた。彼は振り返り、車の前方を回りながらこちらに来るマークを見た。

「とうとうこの日が来た」そうショーンはつぶやいた。そして彼の笑い声は大きくなっていた。マークは明るい色のゆったりした服装で、脇にノートパソコンを挟んでいた。髪型は相変わらず乱れていたが、表情は真剣そのものだった。

「本当にやるのか?」マークが尋ねた。

ショーンはさらに大声で笑った。当たり前だ、俺は今までこんなに正気だったことはない。

「ああ、それでいいんだ」

そしてショーンは腕時計に目をやった。よし、予定どおりだ。

マークがシリコンバレーで最大のベンチャー企業との会合に一〇分遅刻しただけでなく、この街で一番の変わった身なりをして出席しようとしていることも予定どおりだった。ショーンは会合に出席するつもりはなかった。ショーンであっても荷が重すぎる。しかし、マークならうまくやってくれるはずだ。

マークは謝罪し、寝坊して身なりを整える時間がなかったと連中に言い訳する。そして、そのまま売り込みにかかるのだ。言い訳もそこそこにパワーポイントを立ち上げ、特にセコイアのガキ向けにでっちあげられたプレゼンをする。そしてパワーポイントに書かれた内容がナイフとなって奴らに襲いかかる。それが終わるとマークは、そのまま部屋から歩き去っていく。

セコイアキャピタルには断じて、絶対に、フェイスブックへの投資をさせない。ショーンはそう言いきかせた。マークは、モーリッツとセコイアのガキどもがショーンにした仕打ちを、一部始終見てきた。プラソから彼を追い出し、致命傷を負わせたのだ。

ピーター・シエルはショーンの計画に全面賛成している。なぜなら、セコイアはシエルがペイパルを創業しようとした時にも、酷い扱いをしたからだ。セコイアは、「己の行いはいずれ己に帰ってくる」という、この小さな街の最も重要な教訓を学ぶことになるのだ。

マークとショーンにとって、セコイアの投資話を断ることなど、痛くもかゆくもなかった。今では誰もが、フェイスブックに少しでも関わりたいと思っている。フレンドスターの申し出は断った——しかし、一社、受け入れることが確実な取引が待ち構えている。この業界では最も有名なベンチャー企業の一つであるアクセルパートナーズ（Accel Partners）が最近、取引を持ちかけてきていた。アクセル社のトップ、この業界でも名だたるベンチャーキャピタリストのジム・ブレイヤーから電話がかかってくると、いつでもショーンはすぐに自分に回させた。そして交渉の中でとてつもない数字を彼に突きつけていた。

一億ドルの査定だと？　出直してこい！　二億ドルじゃなきゃ破談だ！

そして投資家たちはようやく、彼らがどうしてそこまで強く出られるのかを理解するようになっていた。

同時に、マークは『ワシントンポスト』のトップであるドン・グラハム氏とも、ひんぱんに話し合いの場を設けてきた。グラハム氏はいつの間にかマークにとってよき友人、よき助言者になっていた。この二人の組み合わせはユニークで、魅力的な発想が生まれた。メディア界の大物とソーシャル革命を起こした天才は、お互いに情報共有する関係を築いてきた。マークは、グラハム氏の率いる『ワシントンポスト』と取引をしようと考えている。アクセルパートナーズがさらに本腰を入れるようになったのはそれが理由だ。マークはまちがいなく業界に旋風を巻き起こしている。

まもなくして、アクセルパートナーズは約一三〇万ドルという、少額の投資金を出資することになった。この投資で、フェイスブックの査定は一億ドル相当に押し上げられることになる。たった一四ヵ月で、一億ドルだ。そして、これもまた出発点にしかすぎない。ショーンは、アクセルパートナーズが半年以内に査定を三倍にしてくると確信していた。二〇〇五年の終わりまでにはそうなっているだろうか？　どうなっているかなんて誰にわかる？　ただ、現在のペースでユーザー数が増え続ければ、年内には五〇〇〇万人になっていることだろう。

ショーンは、ビリオンダラーベイビーがまもなく誕生しようとしていることを実感し、気分は爽快だった。

マークがセコイアの建物に重い足取りで向かっていく姿を見て、ショーンの顔から笑みがこぼれた。心の中では、マークと一緒に会合に参加できたらという思いは、あるにはあった。しかし、会合の進行中に、その光景を想像するだけで満足だった。最後にショーンは、マークを励まそうと手を振ってから、

「今日は素晴らしい日になるぞ」と声をかけた。

それから、ショーンは彼のだらしない格好を、改めて観察した。そして、また彼は大きな声で笑った。

今日はすごい日になるぞ。

第三一章　訴訟

「ハーバードの一万人の男たちは（Ten thousand men of Harvard）……」

エドゥアルドの膝が悲鳴を上げた。ひだの入った黒のポリエステル製ガウンを身にまとい、細身の身体をねじらせた時のことだ。木製の小さな折りたたみ椅子に座っていたのだが、少しでも座り心地の良い位置を見つけようと身体を動かしたのだ。同じ椅子が所せましと四方八方に置かれた状況で、どうにかして長身の身体をその狭いスペースになじませようとしていた。ガウンを着ていると恐ろしく暑い。そして、頭にかぶっている四角帽は、二サイズほど小さく、湿った額を締めつけていた。髪の毛も強く引っ張られて抜けてしまいそうな気がした。だが、彼にはどうすることもできなかった。

二〇〇五年六月のことだ。それでも、エドゥアルドは、気づくと笑顔になっていた。色々なことはあったが、それでも彼は笑っていた。彼は右に目をやり、長い列をなして座っている自分と同じ真っ黒なガウンと、間抜けな帽子姿のクラスメートたちを見た。同じ格好をした卒業生たちの列が次々に、ハーバードヤードの半分以上を埋めつくすほど連なっていた。そして黒ガウンの列が切れると、薄手の夏用ブレザーとカーキー色のパンツをまとった人々の列になり、それより奥にはカメラやビデオカメラを手にした誇らしげな家族の、色とりどりな列が続いていた。

「ハーバードの一万人の男たちは……」

エドゥアルドは振り返って、優に一〇〇メートルは前方にあるステージを見た。サマーズ学長はすでに演壇の奥にいた。左には学部長が並んで座っており、右には筒状の卒業証書が山と積まれていた。学長の前にある演説台のマイクから、最初に呼ばれる名前がハーバードヤードに響くのだ。その声はツタで覆われた古い煉瓦づくりの建物に跳ね返り、ワイドナー記念図書館の石段を渡り、巨大なギリシャ様式の支柱をつたって昇り、最後にスカイブルーの空へと伸びていく。

すでに長い朝になっていたが、エドゥアルドの身体は活気で満ちあふれていた。他の卒業生たちも、小さな木製椅子にいらいらしながらも、同様に活き活きとしているのがわかった。

リバーハウス〔ハーバードヤードとチャールズ川の間にある建物〕からの行進と共に早朝からの長い一日は始まった。黒のガウンをまとった卒業生の長い列が、ハーバードスクエアを通ってハーバードヤードにゆっくりとした足取りで向かっていく。外は暑かったが、エドゥアルドはガウンの下にジャケットを着ていた。卒業式の後は、午後のほとんどを家族と共に過ごすのだ。後ろに集まっている観衆のどこに家族がいるのかは定かではないが、いずれにせよどこかにいるのは確かだ。

ハーバードヤードは、信じられないくらいに人で溢れかえっていた。これだけの人が一つの場所に集まったのを見たのは、高校生の時に見に行った誰かのロックコンサート以来だ。そして、全員が一日中、ここにいるのだ。午後過ぎにはハーバード卒の俳優ジョン・リスゴーが演説をする。その前に卒業生たちは、記念写真撮影のために、ワイドナー記念図書館の階段に集まることになっている。その後、それぞれの家族と野外での食事を共にし、それから仲間と大学に別れを告げる。卒業生の中には四角帽を宙に投げる者も出てくるだろう。テレビで昔からお馴染みの光景の影響だ。どっちにしても、この帽子はかなり間抜けなものだ。

エドゥアルドはステージ上の人間を見ようと視線を戻した。するとすぐに、彼を取りまく黒い海とはあまりにも対照的な、色とりどりの人々が壇上にいることに目を奪われた。名誉教授、終身名誉教授、学長、名誉ＯＢ。彼らは全員、サイケデリックと言えるくらい派手な色調のガウンを身にまとわせ、学長の後ろに並んで座っていた。エドゥアルドの視線は卒業証書の山に移った。その丸まった紙きれの山の中に、彼の名前が刻まれた卒業証書があるのだ。筆記体で書かれたラテン文字が、浮き彫りで印刷されている紙切れのために、彼の両親は一二万ドルを出費した。

ある意味、この卒業証書のために、エドゥアルドはそれ以上の出費をした。

「ハーバードの一万人の男たちは……」

そんな言葉がメロディにのって、エドゥアルドの左側から聞こえてきた。この、古くからのハーバード応援歌の歌詞をきちんと知っている人間がそれほどいるとは思えない。もちろん、何人かはいるだろう。だが、誰なのかはわからないが、結局、その時歌い出した男もほとんどの部分、ハミングしただけだった。エドゥアルドはきちんと歌詞を覚えていた。新入生の時に覚えたのだ。ハーバードとイェールのアメフトの試合で、応援団が歌っていた。その頃、彼はかなり熱烈な「クリムゾン」だった。この大学の歴史の一部になれることを、とても誇りにしていた。誇りにしていたのは、彼の父親がとても誇りにしてくれたからであり、また、高校生の時にまじめに勉強したことが報われたからでもあった。困難な道のりがあった。英語という新しい言語を習得し、新しい文化に適応にしようと努力したおかげで、この場所、この歴史的建造物に囲まれた美しいハーバードヤードへと自分を導いてくれた。それは同時に、過去に同じ場所で肩を並べて応援した先輩たちの仲間になれた瞬間でもあった。だから彼は、歌詞を覚えた。一瞬、一瞬を大事に味わった。

ハーバードの一万人の男たちは 今日 勝利を望んでいる
宿敵イェールに打ち勝つのだ
ハーバードは正々堂々と立ち向かい
そして 宿敵イェールの男たちを打ち負かす
そして闘いが終わったときには 再び歌おう
ハーバードの一万人の男たちが 今日 勝利を収めたのだと!

エドゥアルドは、再び注意をステージに向けた。サマーズ学長が演説台に立ち、まもなく卒業生の名前を読み上げようとしている所だった。彼の大きな顔、二重あごが、マイクに近づいていた。エドゥアルドは、自分の名前が呼ばれるまでしばらく時間がかかり、呼ばれる時に、学長はたぶん自分の名前の発音を間違えるだろうと思っていた。「エドゥアルド」の「ド」の最後の「O」を発音せず、そして「サヴェリン」の「ヴェ」の「ェ」を強調して発音するに違いない。でも、発音を間違われるのは慣れていたし、どうでもいいことではあった。卒業証書を受けるに値する人間だからこそ、自分はそれを受け取りにステージに上がるのだ。この世界はそういうふうにできている。実にフェアだ。

そしてマイクから、最初の名前が読み上げられた。エドゥアルドの後方からフラッシュが焚かれ、高性能のカメラがステージに向かう最初の卒業生の姿をとらえる。

エドゥアルドは、その写真がある日、フェイスブックのユーザープロフィールに載せられることを、想像せずにはいれなかった。今夜にも、それが現実になることは間違いないと彼は思った。

そしてそう思った時、その日初めて、彼の顔から笑みが消えた。

深夜の二時だ。

それまでの一八時間は長かった。

家族サービス、焦げるような暑さ、クォーターボトルの高級スコッチでめまいを覚えていた。両手をブレザーのポケットに深々と入れながら、エドゥアルドは、三階のフェニックスの部屋にある革製の長いすに深々と座り、酒の瓶が高々と積み上げられたコーヒーテーブルの周りで踊っている、見知らぬ金髪の女の子の一団を見ていた。その瓶の山は、まるで月光を受けて燦々と輝く、ガラスでできた小さなメトロポリスのようだった。

階下のパーティは熱狂の渦だった。三階建ての建物全体に、一階のダンスフロアから聞こえてくる音楽が鳴り響いていた。ヒップホップとポップスが交互にかかっている感じだ。興奮気味の大勢の若者たちが、堅い木の床の上で足を踏みならす音が聞こえる。外では焚き火が燃えていて、その煙を吸いながら騒ぐ連中もいる。二百年の歴史の間に積もった埃を吹き飛ばすかのように、音楽のリズムにのって身体を揺らせたり回転させたりして踊る者たちもいる。エドゥアルドには、その様子が目に見えるようだった。彼は、そこにいる、かわいい女の子たちの姿を思い描いた。その大半はファックトラックをまだ経験していないだろう。そしてフェニックスの若くて血気盛んなメンバーたちは、みんな女の子との特別な関係、思い出の夜、時が止まるような経験を追い求めている。

しかし、ここ三階は、まだ静かだった。金髪の踊り子を除いては、高級なVIP部屋の趣きがあった。VIPな趣きは、部屋の装飾にもあった。豪華な深紅のカーペット、木の壁と天井の深い色調。長いすは革製で、テーブルには高級な酒の瓶が所狭しと置かれていた。この三階の応接間は、関係者以外の人間が入るには、招待されなければならない。ここは、ベルベットロープで完全に遮られている世界だった。

エドゥアルドは、カリフォルニアから戻ってきてからというもの、その思い出を語ろうものならマークの裏切り話ばかりになってしまうので大半の時間を一人で、この長いすに座りながら、この部屋で過ごしてきた。自分の未来のことを考え、瞑想し、計画するために。

そして大学生活は終わった。エドゥアルドは、ハーバードヤードの守られた世界から、旅立とうとしている。どこに向かうのかはまだわからなかった。ボストンかもしれないし、ニューヨークかもしれない。しかし、自分がもはや子供ではないということだけは、しっかりと自覚していた。もう自分のことを子供だとは思わなかった。

何しろ、彼はすでに法的措置を執り始めていたのだ。自分の信じることを実行に移すのは、自分の決断によるものだった。弁護士を雇い、文書を送り、そこで自分の意志を、マークと他のフェイスブックチームの人間に明確に示す。彼は告訴しようとしていた。法廷で、裁判官や陪審員を前にして「友人」と闘うということは、考えるだけでも嫌だった。しかし、他に選択肢がないことは承知していた。もう、これはマークと彼との問題ではすまされないのだ。

革製の長いすに座りながら、状況が変わったことを知ってマークは後悔するだろうかと考えた。たぶん後悔しないだろう。険しい表情のまま、彼はそう思った。たぶん、マークは、自分のしたことが悪いことであるとすら考えていない。マークの立場からすると、ビジネスに必要なことをしただけなのだと、考えているに違いない。

結局のところ、フェイスブックはスタートからマークのアイデアなのだ。彼こそが、時間を費やし、作業し、寮の一室から始まったビジネスを企業にした人間なのだ。彼こそが、コードを作成し、サイトを立ち上げ、カリフォルニアに移り、休学し、資金を集めた人間なのだ。彼にとってフェイスブックは、最初の日から、マーク・ザッカーバーグ一人の作品だった。そして、それ以外の全員、ウィンクルボス兄弟やエドゥアルド、そしてショーン・パーカーでさえも、ただ彼にしがみついてきただけなのだ。

マークからすれば、不適切な行動をし、友情を裏切ったのはエドゥアルドの方だということになるのだろう。マークにとって、エドゥアルドこそが銀行口座を凍結させて、会社に傷を負わせ、ビジネス面の統括役という地位にこだわるあまりに、ベンチャー企業からの資金調達を困難にした人間なのだ。エドゥアルドはフェイスブックのために何もしていないばかりか、害まで与えた、マークはそう思っているかもしれない。たとえば、エドゥアルドがフェイスブックとは別に、ジョブーズルというサイトを立ち上げ、フェイスブックに興味を示す広告主への接近をはかろうとしたことなども害だろう。マークの目には、フェイスブックという企業の武器を流用されたのだと映ったのかもしれない。マークには、エドゥアルドがそう思うように、自分こそが不当な扱いを受けた側なのだと思う理由がたくさんあるのだ。

だが、エドゥアルドから見れば、そんなマークの考え方は間違っていた。彼は、自分は寮の一室から一緒に携わってきて、フェイスブックの成功に絶対不可欠な存在であり続けた人間なのだと信じて疑わなかった。最初の資金を払い、時間を投資したのは自分なのだ。だから自分には、二人の間で最初に合意したとおりの扱いを受ける権利があった。とても単純明快なことだ。

彼がマークと合意したことは、友情とは関係ない。それはビジネスだ。単なるビジネス上の合意だ。エドゥアルドは、自分が当然有すると信じる権利を追求する。マークを法廷に引っ張りだし、自分の言葉で説明をさせ、フェアな行動を取らせるのだ。

音楽にのって腰をくねらせながら踊る女の子たち。ブロンドの髪は、彼女たちの動きにつれ、流れるように動く。そして、時折、頭の上でねじれ、渦を巻いて、黄金色の嵐のようにも見えた。そんな光景を見ながら、エドゥアルドは、フェイスブックがどのように始まったのかすら、マークは覚えていないのではと思った。何か特別なことを二人でやってのけ、注目を浴びようとしていた、ただのギークにすぎなかったことを彼は覚えているのだろうか。本当は、それで女の子とセックスしたかっただけだったのだ、ということを。どれだけ自分が変わったのかわかっているのだろうか。

あるいは、マークは何も変わっていないのかもしれない。たぶん、エドゥアルドがスタートから彼を読み違えていたのかもしれない。双子のウィンクルボス兄弟のように、エドゥアルドが自分の思い込みを勝手に投影させ、自分の見たい部分だけを見ていたのかもしれない。

マーク・ザッカーバーグという男について、自分は何も知らないままなのかもしれない。

マーク・ザッカーバーグ自身も、深い意味で、自分のことを分っているのかは、疑問だった。ショーン・パーカーはどうだろう？　ショーン・パーカーも、たぶん自分はマーク・ザッカーバーグのことを理解していると思っているだろう。しかし、エドゥアルドは、この二人の関係も長くは続かないだろうと確信していた。

エドゥアルドから見れば、ショーン・パーカーは、彗星のごとく現れ、世界を切り裂くが、神経質で小心な性格ゆえに、すぐに消え去っていくような人間だった。彼はすでに二つの新事業で失敗をしていた。彼がフェイスブックでも同様に失敗をするかどうか、は問題ではない。彼が失敗するのは確実であり、問題はそれがいつか、ということだけだ。

第三二章　ショーンのスキャンダル

奇妙なことに、サイレンの音を聞いた者はいなかった。

しばらくは、すべてが順調に進んでいた。パーティーは豪華、郊外のハウスは見かけのよい、ハッピーな人たちでいっぱいだった。大学の女子学生と大学院の男子学生、都会のヒップスターとおしゃれな二十代たち、タイトフィットのジーンズと襟付きシャツをまとった学者風もいれば、バックパックを背負って野球帽をかぶったような連中もいる。一見すると国際的なナイトクラブの光景のようであったが、実際には、そこは大学が管理している施設だった。フラタニティについて何ひとつ知らない若者たちなら、フラタニティのパーティーはこんなものだろうと思ったかもしれない。酒はたっぷりあった。音楽は木の床を伝い、剥き出しの漆喰の壁を震わせていた。

だが、突然、バタンッと音がして、一瞬ですべてが暗転した。

悲鳴が上がり、玄関の扉が大きな音を立てて開いた。懐中電灯の明かりが暗い混雑したダンスフロアを切り裂き、漆喰の壁のあちこちを照らした。まるで何もない空を突っ切る未確認飛行物体のようだ。そして、奴等が雪崩れ込んできた。まるでナチスのゲシュタポのように、大声で叫び、怒鳴り散らし、押し入ってきた。懐中電灯をライトセーバーのように振りかざしながら。

濃紺の制服。警棒、バッジ。手錠まで見えた。拳銃を見たものはいなかったが、拳銃ケースは、はっきりと見えた。分厚く浅黒いゴムのケースの膨らみ。その形は紛れもなく拳銃だった。

サイレンは聞こえなかったが、いずれにしろ、パーティーは終わった。

ショーン・パーカーが最初に思ったのは、誰かが何か間違いをやらかしたのだろうか、ということだろう。これは大学のキャンパスのすぐ外でやっている、単なるパーティーだった。完全に無害なものだ。

ショーンは女の子を連れていた。フェイスブックにたくさんいる見習い従業員の一人で、きれいな子だった。仲良くなったのだ。これは、ただのパーティーだ。これまで何度も来たことのあるパーティーだ。完全に無害で、おかしなことはひとつも起こっていない。

まあ、ここにはアルコールぐらいはあっただろう。それに音楽も少しうるさかったかもしれない。少しコカインをやったり、マリファナをふかしたりしていた奴もいたかもしれないが、それは、よくわからない。ここに着いてからというもの、トイレにはほとんど行っていないからだ。だいたいはダンスフロアにいた。彼のズボンのポケットには吸入器とエピネフリン・ペンが入っているだけで、ローマ法王と同じくらいきれいだった。自分に慢性喘息とアレルギーがあることは確かに証明できるのだし。

何が問題だっていうんだ？　これはパーティーだ。大学生がたくさん参加するパーティー。大学は新しいことを試みるところだろう？

時代を変えるのは大学じゃないのか?

大学は自由なところじゃないのか?

警察は場所をわきまえて、もうちょっと寛大であるべきじゃないのか?

しかし、警察官の様子は寛大とは程遠いものだった。そして、ショーンは思った。運が悪かった、まずい時にまずい場所にいたのだろう。ショーン・パーカーがまずい時にまずい場所に来るのを誰かが狙っていたのかもしれない。もしかすると、これはパーティーがうるさすぎたという単純な話ではないのかもしれない。またしても、自分が標的にされたんじゃないだろうか。

フェイスブックはもはや寮の部屋で運営する小さな会社ではなかった。ショーンにはそれがわかっていた。今やフェイスブックは大企業だ。まもなく十億ドルの価値になるだろう。そして、ショーンとマークはもうコンピュータプログラムと戯れる二人の若者ではなかった。会社を運営する幹部になっていた。二人とも手放したくはない会社、二人ともいつか十億ドルをはるかに超える価値になると信じている会社。

この数ヶ月間続いた成長は本当に目ざましいものだった。フェイスブックで起こっていることは、まさに「変革」だとショーンは考えていた。素晴しいアイデアの集大成。それが多数の参加者に熱烈に支持され、ネットワークはとてつもない勢いで拡大していた。大成功だ。

特に大きな変革をもたらしたのは、最近開発した写真共有アプリケーションだろう。このアプリケーションによって、フェイスブックは、ただの社交の場というだけでなく、写真を皆で共有し、見せ合える場所になった。こうして、現実世界での生活で人がすることをデジタル化していくのだ。もはや、パーティーにデジカメは欠かせないものになった。誰かがデジカメを持ってパーティーに行けば、その友達は、翌日、早ければ午前二時には、フェイスブックでそのパーティを追体験できる。それから、重要なのは「タグ付け」機能だ。写真に人が写っている場合は、その中の誰にでも好きなようにタグが付けられる。タグ付けをされた人には、自分が写っている写真が公開された場合、そのことが即座に通知される。これも現実世界で皆がすることのデジタル化だと言えるだろう。本当に天才的なアイデアだ。そして、ユーザ数は爆発的に増加した。今では八百万人、いや一千万人に達するだろう。フェイスブックは驚くほどの勢いで急成長していた。

もちろん、これで終わりではない。写真共有に匹敵する次の変革は、ニュースフィードの導入だろう。これはショーンとマークが、偶然、同じことを考えていた、というアイデアだ。ニュースフィードはソーシャルネットワークの参加者に関して、何か新しい情報が追加されたら、それを皆に知らせるという機能だ。フェイスブックのページを通してさらに人々を結び付けることになる。ある人のプロフィールがどこか変更されるたびに、最新の情報が即座に友達全員にブロードキャストされるのだ。この機能が完成すると、ダスティンとマークは、コンピュータ工学における優れた業績を残すことになるだろう。刻々と、絶え間なく更新されていく情報を次々に送信しなくてはならず、しかも、送る相手は様々に異なっている、という恐ろしく複雑なブロードキャストチャンネルだ。ショーンは、フェイスブックにログインしたユーザが何をしているのかを数時間観察することで、このアイデアを思いついた。友達のステータス更新を絶えずチェックしているユーザーが多かったのだ。友達がプロフィールや写真を変更していないかを、いつもチェックしている。ニュースフィードを思いついた時は、まさに「ユリイカ！」〔ギリシャ語で「見つけた」の意味〕と叫びたくなる瞬間だった。情報更新のチェックが自動化されれば、写真共有やタグ付けがそうだったように、フェイスブック体験の質を大きく向上できるだろう。ショーンはそう気づいたのだ。

これはもう単なるアプリケーションの枠を超えていた。こうしたアイデアが、寮の部屋で始まったものを、人生を一変させるような十億ドル企業へと変えるマイルストーンになった。ウェブ上で最高の写真共有サイトを、最も成功したソーシャルネットワーク上に構築したらどうなるだろうか？　その上にニュースフィードのような革新が加わるとどうなるだろうか？

フェイスブックはウェブ上の何よりも大きくなる、ショーンはそう確信した。いつか近いうちに、一般の人たちにまで公開する。それが次の大きな変革のステップであり、次のマイルストーンだった。そして、世界へ飛び出すのだ。そうしたら、もはやフェイスブックに競争相手はいなくなるだろう。ショーンの頭にあるのは、フレンドスターやマイスペースではなかった。ショーンの頭にあったのは、グーグル、そしてマイクロソフトだった。

フェイスブックは、それくらい大きくなる。

そして、大きくなると——そう、ショーン・パーカーは、その時、何が起こるのか誰よりもよく知っていた。人は手のひらを返したような態度で振る舞い始める。友情は崩れ去る。問題が発生する。これらは時として突然訪れることがある。

もしかすると、フェイスブックが大きくなりすぎて、カネが舞い込んだためかもしれない。そして、ベンチャーキャピタルたちは、十億ドル企業に対するように、ものを考え始めた。もはやショーン・パーカーが関わるべきではないと思っている者もいるのだろう。前にも同じようなことがあった。それも二度も。また同じことが起こっているのだろうか？　それとも、被害妄想にすぎないのだろうか？　いや、おそらくそうではない。逮捕されようとしている集団。その中にショーンはいた。

運が悪かった。

タイミングが悪かった。

そして、まさに逮捕されようという時、ショーンが考えたのは、「電話をかけなくては」ということだった。憶測というものは、警棒や手錠よりも大きなダメージを与える猛獣だ。実際には無実であったとしても、世界に大きな変革をもたらす十億ドル企業の社長が、ホームパーティで見習い従業員と一緒に逮捕されるということは、決して快くは思われないだろう。刑務所に入るようなことになるとは思えない。しかし、ショーンには一つだけわかっていることがあった。

たとえ無実であっても、仕組まれたことであっても、単に運が悪かっただけであっても、マーク・ザッカーバーグは怒り狂うだろう、ということだ。

第三三章　冷徹な決断

その晩、あるいは、もう日付が変わっていたかもしれないが、おそらくマーク・ザッカーバーグのところに電話があったはずだ。相手は会社の顧問弁護士だったかもしれないし、ショーン本人だったかもしれない。

マークがその時間に、フェイスブックのオフィス内にいる可能性は高い。彼はたいてい会社にいたからだ。オフィスにいる彼の様子が目に浮かぶようだ。たったひとり、デスクの前に座ってコンピュータに向かう彼の顔を、その画面が放つ緑がかった青い光が照らしている。まだ真夜中だったか、あるいは、もう早朝になっていたかもしれない。時間という概念は、マークにとって、それほど役に立つものではなかった。時計が時を刻むだけで、現実の世界に何らかの目的や権利、固有の価値が生まれるわけではない。それよりも情報の方が遥かに重要であり、たった今、マークが受け取った情報に対しては、確かに迅速な対応が必要だ。そしてうまく対処しなければならない。

ショーン・パーカーは天才だった。彼がいなければ今のフェイスブックはなかっただろう。ショーン・パーカーはマークのヒーローだった。常に良き師、良き助言者であり、友達と言ってもいい存在だった。

しかし、ついさっきハウスパーティーに警察の捜査が入り、その詳細を聞いたマークが何を考えたのか想像がつく。「ショーン・パーカーを切らなければいけない」

どんな理由があったにせよ、そして、たとえ今回の件でショーンが裁判にかけられたり、起訴されたりすることがないとしても、である。中には、今の状況ではショーンの存在がフェイスブックを脅かすことになる、と考える人たちもいるだろう。彼を中傷する人たちにとって、彼はいつ何をしでかすか分からない、破天荒な人間だった。人々は彼のことを必ずしも理解していなかったし、中には彼が発するエネルギーの強さに恐れをなす人もいた。しかし今回は話が違う。良いか、悪いかの問題だ。こうなった理由が何であれ、運が悪かったとか、あるいは他に理由があるにせよ、結果は火を見るより明らかだった。

ショーン・パーカーには辞めてもらおう。

エドゥアルドやウィンクルボス兄弟のように、危険な存在になったなら、どういう意図があったにせよ、対処しなければならない。結局のところ、大切なのはフェイスブックだけなのだ。それはマーク・ザッカーバーグの作品、わが子のような存在であり、今や彼の生活の中心になっていた。最初のうちは、おそらく単に楽しく、面白いだけのものだったのだろう。新しいゲームやおもちゃを作る感覚で、ハイスクール時代に「リスク」のコンピュータ版を作ったように、あるいは、フェイスマッシュを作って、もう少しでハーバードを退学になるような無茶をしたように。

しかし今回は、それとは違うのだろう。フェイスブックの根本にあるのは、マークが唯一心から愛しているもの――コンピュータ、彼の目の前で光を放つ、あの画面である。そしてマークのアイドル、ビル・ゲイツがあの画期的なソフトウェアによって、パーソナル・コンピュータを世間に一気に広めたように、フェイスブックはまさに革命的で、世界を変えるようなものになる。ソーシャルネットワーク全体で自由に情報交換を行う場を作り、フェイスブックにしかできない方法で世界をデジタル化するのである。

マークはそれが何であろうと、誰であろうとフェイスブックの邪魔はさせないだろう。

マーク・ザッカーバーグの実像を最もよく表しているのは、彼の名刺かもしれない。シンプルで洗練された、一行のセンテンスが中央に印刷されている。コンピュータの前に座って、その画面が放つ光を顔に受けながら、おそらく自分で作ったのだろう、プリントアウトして、肌身離さず持ち歩くつもりで。

ある意味、この名刺はマーク・ザッカーバーグお得意の辛らつユーモアかもしれない。しかし別の角度から見ると、単なるジョークではない、とも言える。なぜなら、それが真実だからだ。違う意見の人がいようが、他の人がこれまでどう考えてこようが、この名刺に書かれた言葉は、いつまでも真実であり続けるだろう。

何があろうと、永遠に変わらない真実。

いつもは無表情なマークが、今にもニヤリとしそうに顔を引きつらせ、名刺に書かれた言葉をひとり、声に出して読んでいる様子が目に浮かぶようだ。

「僕がＣＥＯだ——何か言いたいことは？」

第三四章　パーティーは終わった

くそ、また今晩もやってしまった。

エドゥアルドはそのクラブの名前をはっきり思い出せなかった。それどころか、どうやってその店に辿りついたのかさえ覚えていなかった。わかっていることは、ここがニューヨークで、今、自分がいるのは、ミート・パッキング・ディストリクト〔マンハッタンにある、かつて精肉工場が集まっていた地域で、最近は再開発により人気のスポットとなっている〕だ、ということだ。タクシーに乗ったのは覚えている。大学の友人、少なくとも二人と一緒にいて、途中からは女の子もいた。まったく、いつも女の子と遊んでいるみたいじゃないか？　確かに、かわいい子だった。たぶんアジア系だ。うまくいけばキスだってできたかもしれない。

ところが、タクシーを降りてからクラブに行くまでの間に、その子は消えてしまった。それで、こうして今、たったひとりで、鮮やかなブルーのソファーに、だらしなく座っているのだった。スコッチのグラスに映った自分の姿をじっとみつめ、グラスの中の角が丸くなった氷と一緒に、自分の顔が溶け出していくさまを見ていた。それはまるで、遊園地のびっくりハウスの鏡に映った姿のようでもあり、あるいは、コア科目で議論したサルバドール・ダリの絵のようでもあった。そのコア科目は、学生たちの間では、幼児向け絵本の名前から「水玉模様とまだら模様（Spots and Dots)」と呼ばれていた。現代アートにほとんど興味のない幼児に現代アートを教える、ということだ。

二〇〇八年五月ごろのことである。彼はひとりきりだった。そして酔っていた。とは言っても、実際にはそれほど酔っ払っているわけではなかった。視界がぼやけていた一番の理由は、寝不足だ。もう三週間ほど、四時前にベッドに入ったことがなかった。健康管理とソーシャルネットワーク、それらに関連した新事業を立ち上げる準備と訴訟にかなりの時間を取られていた。他にも、もちろんソーシャルライフのため、ボストンとニューヨークを行き来し、ときにはカリフォルニアまで出かけることもあった。そして相変わらずフェニックスにも顔を出していた。彼がクラブの他の誰よりも少し年上であることなど、誰も気にしていなかった。彼らは今でも仲間であり、それはいつまでも変わらないからだ。そしてフェニックスのメンバー全員が、今でも、彼が何者であるか、何を成し遂げた人物であるかを知っている。たとえ、世間の人たちが彼の名前を聞いたことがなかったとしても。たとえ、フェイスブックと聞いて、世間の人たちの頭に浮かぶのが、ひとりの若き天才の名前だけだったとしても。

エドゥアルドは疲れていた。もう何週間も、まともに眠っていなかった。ソファーにもたれ、目の前のスコッチのグラスの中をじっと見つめた——とそのとき、突然思い出した。

ちょうど、今夜と同じような夜のことだ。あのときも、しゃべり通しだった。ニューヨークで過ごした、二〇〇四年夏の出来事だ。正確な日にちは思い出せなかったが、あの銀行口座を凍結してしばらくたった頃のことだ。その少し前に、彼とマークは何度か電話でやり取りをした。今にして思えば、それが終わりの始まりだった。ちょっとした行き違いが、最終的には、修復困難な問題にまで発展してしまった。エドゥアルドは怒り、そして傷ついていた。それで、ちょうど今晩のように飲みに出かけ、まさに今と同じように、気づいたら最後はクラブにいた、というわけだ。

あの晩、彼はダンスフロアで、いい子がいないかと探していた。ちょうどフロアをはさんだ向こう側に目をやったとき、隅の方に立って、こちらを見ている人物がいることに気づいた。

エドゥアルドには、その若者が誰だかすぐに分かった。まあ、否が応でも目に入るだろう。大きくて、筋肉がついた体。映画スターのような顔立ちと、いかにもオリンピック選手のような体格を持ったスポーツマンだ。エドゥアルドは、彼がキャンパス近辺で一卵性双生児の兄弟と一緒にいるところを、何度も見かけたことがある。エドゥアルドは今そこにいるのが、ウィンクルボス兄弟のどっちの方なのかさえ、よくわからなかった。ただ、そのどちらかが、ニューヨークの名前も知らないクラブで、自分のすぐ目の前、三メートルほどしか離れていないところにいる。

その瞬間、エドゥアルドは湧き上がる感情とアルコールの勢いで、いてもたってもいられなくなった。

おそらく、心の奥底では、自分とマークの間に何が起きるのかを予感していたのだろう。あるいは、ただ酔っ払っていたのかもしれない。

理由はどうあれ、彼はウィンクルボス兄弟の片方のところへ歩いていき、手を差し出した。あっけにとられてエドゥアルドを見つめるその若者に、彼は自分の気持ちをそのまま伝えた。

「悪かったね。彼は僕のことも騙したんだ。君たちを騙したようにね」

それだけ言うと、彼は踵を返した。そして再びダンスフロアの人混みの中へ消えていった。

その後

ショーン・パーカー

フェイスブックを辞めた後も、シリコンバレーでは依然として影響力を持ち続け、ほどなく「ファウンダーズ・ファンド」にマネージングパートナーとして迎えられた。ファウンダーズ・ファンドはピーター・シエルが創業した投資会社で、ハイテク企業への初期投資に重点を置いている。フェイスブックのような「掘り出し物」を探し出し、投資する。シエルが以前、五〇万ドルの投資をしたことで、創業後間もないフェイスブックは成長できた。現在、このファンドによる投資は、一〇億ドルを超える価値を生み出すと言われている。その後、さらにショーンは新しい会社を立ち上げた。「プロジェクト・アガペー」という意味深長な名がつけられたソーシャルネットワークサービスを運営する会社で、インターネット上での大規模な政治運動を支援することが目的だ。

タイラー、キャメロン・ウィンクルボス兄弟

二〇〇四年末、マーク・ザッカーバーグとフェイスブックに対して訴訟を起こし、断固として争ってきたが、二〇〇八年夏、ついに和解に至った。和解案の内容は裁判官命令により非公開にされていたが、ここ数ヶ月の間に、弁護士事務所から情報が漏れた。

それによると、ウィンクルボス兄弟と「コネクトU（Connect U）」は和解の条件として六五〇〇万ドルの支払いを主張していたらしい。色々な意味で妥当な金額だと思われるが、ウィンクルボス兄弟が和解の結果に不満を感じているという証拠がたくさん出てきているため、彼ら兄弟と、マークおよびフェイスブックの争いはまだまだ続くと見られている。

明るいニュースもある。彼らのボートチームが合衆国代表に選ばれ、二〇〇八年の北京オリンピック、舵なしペアに出場し、六位入賞した。その後もトレーニ

ングは続けており、二〇一二年のロンドンオリンピック出場を目指すかどうか目下検討中だ。

エドゥアルド・サヴェリン

ボストンとニューヨークの二カ所を変わらず行き来し、フェニックスの上階の神聖なホールにもたびたび現れている。エドゥアルドがマーク・ザッカーバーグとフェイスブックに対して起こした訴訟、そしてマーク側がエドゥアルドに対して起こした訴訟の内容は、秘密のベールに包まれたままだ。だが二〇〇九年一月、突然「共同創業者」として、エドゥアルドの名前がフェイスブックの会社沿革に刻まれた。これは、エドゥアルドが勝ったということで、フェイスブック創業における彼の功績を認めさせた、ということになる。法的な問題は解決したが、エドゥアルドとマークが友情を修復できるかどうかは、まだわからない。

フェイスブックとマーク・ザッカーバーグ

フェイスブックに関して二〇〇七年一〇月、マイクロソフトがグーグルとの出資合戦に勝利を収め、フェイスブックに二億四〇〇〇万ドルを出資し、同社株の一・六パーセントを取得した。この出資合戦は短期間ではあったが、大々的に報じられた。マイクロソフトは、フェイスブックの時価総額をおよそ一五〇億ドル超と評価している。つまり、年間収益一億五〇〇〇万ドルの年が一〇〇回以上もある、ということだ。

その後は景気を反映し、全体的にやや価値を下げたものの、年間収益は増え続けている。実際の株価収益率はどうであれ、驚くべき成長を続けているといっていい。二〇一〇年三月には、フェイスブックの会員数は四億人を超えたと見られる。最近のレポートによると、一週間に約五〇〇万人もの会員を獲得しているそうだ。

ユーザーコンテンツの所有権の問題や、広告、宣伝目的での「個人情報」の流用などの大失態が大きく報道されてはいるが、この「ソーシャル革命」の速度はまったく衰えない。フェイスブックは、今後も膨大な数の人々の生活を向上させていくことだろう。

マーク・ザッカーバーグが寮の小さな一室でつくり上げた作品は、非常に影響力のあるネット関連企業のひとつに成長した。マークの財産が現状どのくらいなのかは定かではないが、地球上で最も稼ぎのある二十五歳のひとりだということは間違いない。彼は一代で成功した、史上最年少の億万長者と言われている。

訳者あとがき

あなたは、自分の身近にいる人、普段、接している人たちのことを本当にわかっているだろうか。あの人は明るい人だ、正直な人だ、ちょっとひねくれた性格だ、神経質なところがある……誰に対しても、何らかの印象は持っているだろう。ただ、同じ人でも、見る人が違うと、見え方がまったく異なることがある。

いつも嬉しいことをしてくれて、気も合って、「ああ、良い人だなあ」と感じる、そんな人でも、別の誰かから見れば、「あんなに悪い奴はいない」、となることは珍しくない。また、逆に、いつも本当にひどい目に遭わされていて、「ろくでもない奴だ」、としか思えない人を、別の誰かは、「最高の友人」、と思っていたりする。

果たして、どれが本当の姿なのだろう。実はどれも本当ではないのではないか。そして、どの見方にも一片の真実はあるに違いない。色々な人が垣間見た真実をつなぎ合わせてみてはじめて、その人の本当の姿、というのがおぼろげに見えてくる、そういうものなのではないか。

本書の主人公、マーク・ザッカーバーグという人物についても同じことが言えるだろう。彼の人物像は、誰が見るかでまったく変わるし、同じ人から見た印象でさえ、時間が経つと大きく変わっていってしまう。

だが、物語を通して読んで思うのは、マーク・ザッカーバーグという人間は結局、一人しかいない、ということだ。よくよく考えると、彼ははじめから終わりまで同じだし、誰に対しても同じ態度なのだ。実に一貫している。ひょっとすると、この一貫性が尋常でないために、かえって皆が自分のその時々の都合、心情によって勝手な解釈を加えてしまう、ということなのかもしれない。だから、彼は、つかみどころのない、鵺《ぬえ》のような人物にも見えるのだ。本当の彼は、いたってシンプルな人、自分の気持ち、考え方に極端に忠実で、それ以外には無関心、そういう人だという気がする。

「天才」というのは、もしかすると、こういう人のことを形容する言葉なのでは、とも思う。本書の原題のように、〝Accidental Billionaire（思いがけず、偶発的に億万長者になった人、という意味）〟になるのは、実はこういう人なのかもしれない。

本書はフェイスブックという巨大なソーシャルネットワークの黎明期について知ることができる貴重な資料というだけでなく、人間の多様性、人間の持つエゴ、などが巧みに描かれた、実に興味深い本とも言えるだろう。一人でも多くの人に楽しんで読んでいただければ幸いである。

本書の翻訳にあたっては、一四名の方々にご協力をいただいた。この場を借りてお礼を言いたい。ご協力いただいた方々のお名前は次のとおりである。

山崎恵理子、篠田康弘、大瀬希、花田由紀、二木夢子、上原裕美子、石山ふみ子、五月女彰、高崎拓哉、水嶋崇博、笹井崇司、松江里香、佐藤紘明、篠崎健太郎（順不同・敬称略）、

二〇一〇年三月　夏目大

facebook 世界最大のSNSでビル・ゲイツに迫る男

著者　ベン・メズリック
訳者　夏目大
編集　久世和彦

発行日二〇一〇年四月十七日 第一刷発行

編集人
発行人　阿蘇品 蔵

発行所　株式会社青志社
〒一〇七-〇〇五二 東京都港区赤坂六-二-一四 レオ赤坂ビル四階
電話　〇三-五五七四-八五一一 （編集／営業）
FAX　〇三-五五七四-八五一二

印刷・製本　株式会社光邦

ISBN978-4-903853-85-7

●著者　ベン・メズリック

ニュージャージー州プリンストン生まれのノンフィクションライター、小説家。ハーヴァード大学出身。著書に「ラス・ヴェガスをブッつぶせ！」「東京ゴールド・ラッシュ」「カジノは奴らを逃がさない！」（以上アスペクト）など。

●訳者　夏目大（なつめ・だい）

大阪府生まれ。翻訳家、フリーライター。訳書にマイケル・ムーア「どうするオバマ？-失せろブッシュ！」「エルヴィス・プレスリー21歳の肖像」「レオナルド・ダ・ヴィンチ 知をみがく言葉」（以上青志社）、「Mind Hack　実験で知る脳と心のシステム」「Mind パフォーマンス Hacks　脳と心のユーザーマニュアル」（以上オライリー・ジャパン）「シェーキーの子どもたち」（翔泳社）などがある。翻訳学校「フェロー・アカデミー」講師。
http://dnatsume.cocolog-nifty.com/natsume/